100 TRAKTOR FAKTEN

Das ultimative Buch für Traktorfans: Spannende Fakten, Traktorwissen, Community-Highlights und die Zukunft der Landtechnik

Alles über Traktoren: Geschichte, Technik und Rekorde – Von John Deere, Fendt und Massey Ferguson bis Kubota

VIKTOR GRÖBL

EULOGIA
VERLAG

Bibliografische Information der Deutschen Nationalbibliothek.

Die Deutsche Nationalbibliothek verzeichnet diese Publikation in der Deutschen Nationalbibliografie; detaillierte bibliografische Daten sind im Internet über http://dnb.dnb.de abrufbar.

Für Fragen und Anregungen:
info@eulogiaverlag.de

ISBN Softcover: 978-3-96967-581-6
ISBN E-Book: 978-3-96967-582-3

Originale Erstausgabe 2025

Eulogia Verlags GmbH
Gerhofstraße 1–3
20354 Hamburg

Satz und Layout: Tomasz Dębowski
Covergestaltung: Aleksandar Petrović

Inhaltsverzeichnis

Einleitung

Warum Traktoren faszinieren: Eine kurze Einführung

Traktoren – sie sind weit mehr als nur Maschinen auf vier Rädern. Für viele Menschen stehen sie symbolisch für die Kraft, die die Landwirtschaft revolutioniert hat, und für den unermüdlichen Einsatz auf den Feldern der Welt. Traktoren faszinieren durch ihre robuste Technik, ihre Vielseitigkeit und ihre entscheidende Rolle in der modernen Landwirtschaft. Ob als mächtige Helfer auf riesigen Ackerflächen, als liebevoll gepflegte Oldtimer oder sogar als Stars in der Popkultur – Traktoren haben einen festen Platz in unserer Gesellschaft und im Herzen vieler Menschen.

Die Bedeutung von Traktoren in Landwirtschaft und Industrie

Ohne Traktoren wäre die heutige Welt nicht dieselbe. Sie sind die treibende Kraft hinter der Mechanisierung der Landwirtschaft und haben es ermöglicht, die wachsende Weltbevölkerung mit Nahrung zu versorgen. Doch ihre Bedeutung geht weit über die Landwirtschaft hinaus. In der Forstwirtschaft, im Bauwesen und sogar bei kommunalen Aufgaben wie der Schneeräumung spielen Traktoren eine zentrale Rolle. Sie sind echte Alleskönner, die weltweit geschätzt werden.

So liest du dieses Buch: Ein Überblick über die Fakten

Dieses Buch ist für Traktorfans, Technikbegeisterte und neugierige Leser gleichermaßen gemacht. Es enthält 100 spannende Fakten über Traktoren – von ihrer Geschichte und Technik über ihre kulturelle Bedeutung bis hin zu faszinierenden Rekorden und kuriosen Einsätzen. Die Fakten sind in thematische Kapitel gegliedert, sodass du einfach zu deinen Lieblingsthemen springen kannst. Egal, ob du einen umfassenden Überblick suchst oder einfach nur Spaß an Traktorwissen hast – dieses Buch bietet dir spannende Einblicke in die Welt der Traktoren.

Willkommen in der Welt der Traktoren!

KAPITEL 1

Die Geschichte der Traktoren

Traktoren haben die Welt verändert. Was einst mit der Kraft von Pferden und Ochsen begann, wurde durch die Erfindung des Traktors revolutioniert. Sie waren nicht nur eine technische Innovation, sondern auch ein Symbol für den Fortschritt und die Industrialisierung der Landwirtschaft. In diesem Kapitel reisen wir zurück zu den Ursprüngen des Traktors, entdecken die genialen Köpfe hinter den ersten Modellen und erfahren, wie sich diese Maschinen im Laufe der Jahrzehnte entwickelt haben.

FAKT 1

Die Erfindung des Traktors – Von der Dampfmaschine zur Revolution

Die Geburt des Traktors war ein Meilenstein für die Landwirtschaft. Im 19. Jahrhundert war die Feldarbeit stark von tierischer Zugkraft abhängig. Mit der industriellen Revolution hielt die Dampfmaschine Einzug, und sogenannte Lokomobile wurden zum Antrieb von Dreschmaschinen eingesetzt. Diese dampfbetriebenen Maschinen waren die Vorläufer des modernen Traktors.

Einen entscheidenden Fortschritt erzielte der amerikanische Ingenieur John Froelich im Jahr 1892. In einer Schmiede in Iowa baute er einen Einzylinder-Benzinmotor auf ein modifiziertes Fahrgestell und schuf so den ersten benzinbetriebenen Traktor mit Vorwärts- und Rückwärtsgang.

Obwohl dieser Prototyp nicht kommerziell erfolgreich war, legte er den Grundstein für die spätere Entwicklung von Traktoren.

In den folgenden Jahrzehnten perfektionierten Hersteller wie Hart-Parr, International Harvester und Fordson die Technik. Besonders Henry Fords Fordson-Traktor, der 1917 auf den Markt kam, brachte den Durchbruch. Durch die Massenproduktion wurde der Traktor erschwinglich und konnte sich weltweit verbreiten.

Zahlen und Fakten:

- Bis 1928 wurden über 700.000 Fordson-Traktoren in den USA produziert.

Anekdote:

- John Froelich war nicht nur ein erfinderischer Ingenieur, sondern auch ein Landwirt, der die Herausforderungen der Feldarbeit aus erster Hand kannte. Sein erster Traktor wurde während der Ernte in South Dakota eingesetzt und drosch in 52 Tagen beeindruckende 72.000 Scheffel Getreide.

  Der Begriff „Traktor" leitet sich vom lateinischen Wort *trahere* ab, was „ziehen" bedeutet – eine treffende Beschreibung für die ursprüngliche Aufgabe dieser Maschinen.

FAKT 2 Der erste benzinbetriebene Traktor

Die Entwicklung des ersten benzinbetriebenen Traktors markierte einen Wendepunkt in der Geschichte der Landwirtschaft. Im Jahr 1892 gelang es dem amerikanischen Ingenieur und Landwirt John Froelich, einen Einzylinder-Benzinmotor auf ein modifiziertes Fahrgestell zu montieren und so den ersten benzinbetriebenen Traktor mit Vorwärts- und Rückwärtsgang zu schaffen.

Mit diesem Traktor konnte Froelich erstmals mechanische Kraft effizient und mobil auf einem Feld einsetzen.

Froelichs Prototyp war nicht nur leichter und kompakter als die damals weit verbreiteten dampfbetriebenen Lokomobilen, sondern auch einfacher zu bedienen und zuverlässiger. Besonders beeindruckend war die Tatsache, dass der Motor nur dann lief, wenn er tatsächlich benötigt wurde, was eine enorme Kraftstoffersparnis bedeutete. Doch trotz dieser Vorteile stieß Froelich auf Widerstand. Viele Landwirte waren skeptisch gegenüber der neuen Technologie, und der hohe Preis des Fahrzeugs erschwerte den Verkauf.

Obwohl Froelichs benzinbetriebener Traktor kein sofortiger kommerzieller Erfolg war, inspirierte er andere Ingenieure und Unternehmen dazu, an ähnlichen Modellen zu arbeiten. Diese Innovation war der Startschuss für die Mechanisierung der Landwirtschaft, die in den folgenden Jahrzehnten immer weiter vorangetrieben wurde.

Zahlen und Fakten:

- Froelichs Traktor war mit einem Einzylinder-Benzinmotor ausgestattet und konnte sowohl vorwärts als auch rückwärts fahren – eine bemerkenswerte Innovation für die damalige Zeit.

Anekdote:

- John Froelich setzte seinen Traktor während der Ernte in South Dakota ein und drosch in 52 Tagen beeindruckende 72.000 Scheffel Getreide.

Der erste Traktor von John Froelich wurde in Clayton County, Iowa, gebaut und bei einer Erntekampagne erfolgreich getestet. Leider ging seine Firma, die Waterloo Gasoline Engine Company, später pleite, doch ihre Technologien wurden von der John Deere Company übernommen. Dieser Übergang führte zur Entwicklung der Traktoren, die wir heute kennen.

Wusstest du, dass der ursprüngliche Froelich-Traktor nur etwa 16 PS hatte, aber dennoch die Arbeit von mehreren Pferden ersetzen konnte? Der Übergang von tierischer zu mechanischer Kraft war damit endgültig eingeleitet.

FAKT 3 Meilensteine der Traktorentwicklung im 20. Jahrhundert

Das 20. Jahrhundert war geprägt von bedeutenden Fortschritten in der Traktorentwicklung, die die Landwirtschaft revolutionierten. Nach der Einführung des benzinbetriebenen Traktors durch John Froelich im Jahr 1892 folgten zahlreiche Innovationen. Einen entscheidenden Beitrag leistete Henry Ford mit dem Fordson Model F, das ab 1917 produziert wurde. Durch die Massenproduktion wurde der Traktor erschwinglich und konnte sich weltweit verbreiten.

In den 1930er-Jahren wurden die ersten Dieselmotoren für Traktoren eingeführt, die sparsamer und leistungsstärker waren. Ein weiterer Meilenstein war die Entwicklung der Dreipunkt-Hydraulik von Harry Ferguson in den 1940er-Jahren, die eine einfache und effiziente Verbindung von Anbaugeräten ermöglichte.

Die Nachkriegszeit brachte die Ära der Großtraktoren mit sich. Hersteller wie John Deere, Massey Ferguson und International Harvester entwickelten leistungsstarke Modelle mit fortschrittlicher Technik.

FAKT 4

Die Einführung des Dieselmotors – Effizienz auf den Feldern

Die Integration des Dieselmotors in Traktoren markierte einen bedeutenden Fortschritt in der Landwirtschaft. In den 1920er Jahren begann die Umstellung von Benzin- auf Dieselmotoren, was zu einer erheblichen Steigerung der Effizienz und Leistungsfähigkeit führte. Dieselmotoren boten nicht nur mehr Drehmoment, sondern waren auch sparsamer im Verbrauch, was sie für landwirtschaftliche Anwendungen besonders geeignet machte.

Zahlen und Fakten:

- Der erste serienmäßig produzierte Traktor mit Dieselmotor war der „Lanz Bulldog", der 1921 auf den Markt kam. Sein Einzylinder-Zweitakt-Dieselmotor leistete 12 PS.
- Bis 1939 wurden weltweit über 100.000 Lanz Bulldog-Traktoren verkauft, was die Popularität und Zuverlässigkeit dieses Modells unterstreicht.

Anekdote:

- Der „Lanz Bulldog" erhielt seinen Namen aufgrund des bulligen Aussehens und des tiefen, knurrenden Motorgeräuschs, das an einen Bulldog erinnerte. Dieses charakteristische Geräusch machte ihn in ländlichen Gebieten unverwechselbar und zu einem vertrauten Klang auf den Feldern.

FAKT 5

Die Einführung des Allradantriebs – Mehr Traktion und Stabilität

Die Implementierung des Allradantriebs in Traktoren revolutionierte deren Einsatzmöglichkeiten, insbesondere in schwierigem Gelände und unter anspruchsvollen Bedingungen. Durch den Antrieb aller vier Räder wurde die Traktion erheblich verbessert, was zu einer effizienteren Kraftübertragung und einer besseren Bodenhaftung führte.

Zahlen und Fakten:

- Der erste Traktor mit Allradantrieb war der „FAMO Rübezahl", der 1942 in Deutschland entwickelt wurde. Er verfügte über einen 50-PS-Dieselmotor und war speziell für den Einsatz in schwierigem Gelände konzipiert.
- In den 1970er Jahren setzte sich der Allradantrieb in der Traktorindustrie durch, und heute sind über 70 % der in Europa verkauften Traktoren mit Allradantrieb ausgestattet.

Anekdote:

- Ein Landwirt aus den Alpenregionen berichtete, dass der Einsatz eines allradgetriebenen Traktors es ihm ermöglichte, steile Hänge zu bewirtschaften, die zuvor unzugänglich waren. Dies führte nicht nur zu einer Erweiterung seiner Anbauflächen, sondern auch zu einer Steigerung seines Einkommens.

KAPITEL 2

Technische Fakten und Innovationen

Traktoren sind wahre technische Wunderwerke. Von den ersten dampfbetriebenen Lokomobilen bis hin zu modernen, GPS-gesteuerten Hightech-Maschinen hat sich die Technik hinter diesen kraftvollen Helfern rasant entwickelt. Sie sind nicht nur Zugmaschinen, sondern komplexe Systeme, die mit Hydraulik, Elektronik und innovativen Motorentechnologien ausgestattet sind, um die Landwirtschaft immer effizienter zu machen.

In diesem Kapitel tauchen wir tief in die faszinierende Technik ein, die Traktoren antreibt. Welche Innovationen haben sie schneller, stärker und smarter gemacht? Wie funktioniert ein Traktor eigentlich im Detail? Und welche Entwicklungen könnten die Zukunft der Traktorentechnologie bestimmen? Von der Hydraulik über intelligente Sensorsysteme bis hin zu autonomen Fahrzeugen – dieses Kapitel beleuchtet die technischen Fakten und Innovationen, die Traktoren zu unverzichtbaren Werkzeugen gemacht haben.

Erfahre mehr über die spannenden Technologien, die hinter den unscheinbaren Gehäusen stecken, und lass dich von den Ingenieursleistungen faszinieren, die Traktoren zu dem gemacht haben, was sie heute sind: leistungsstarke Alleskönner.

FAKT 6

Wie funktioniert ein Traktor? Motoren und Antriebe erklärt

Traktoren sind komplexe Maschinen, die speziell für landwirtschaftliche Aufgaben konzipiert wurden. Das Herzstück eines Traktors ist der Motor, der in der Regel ein Dieselmotor ist. Dieselmotoren werden bevorzugt, da sie ein hohes Drehmoment bei niedrigen Drehzahlen liefern, was für schwere Zugarbeiten ideal ist. Die Motorleistung wird über ein Getriebe an die Antriebsräder übertragen. Moderne Traktoren verfügen über fortschrittliche Getriebesysteme, die eine optimale Anpassung der Geschwindigkeit und Zugkraft ermöglichen.

Zusätzlich sind Traktoren mit Zapfwellen ausgestattet, die es ermöglichen, Anbaugeräte wie Mähwerke oder Sämaschinen direkt mit der Motorleistung zu versorgen. Dies erhöht die Vielseitigkeit des Traktors erheblich.

Zahlen und Fakten:

- Moderne Traktoren können je nach Modell und Einsatzbereich Leistungen von 50 PS bis über 600 PS erreichen. Beispielsweise bietet der Cummins B6.7-Motor eine Leistung von bis zu 330 PS.

Anekdote:

- Die Einführung der elektronischen Motorsteuerung in den 1990er Jahren ermöglichte eine präzisere Kontrolle des Motors, was zu einer verbesserten Effizienz und Leistung führte.

FAKT 7 Hydrauliksysteme: Die geheime Kraft hinter modernen Traktoren

Hydrauliksysteme haben die Funktionalität von Traktoren revolutioniert. Sie ermöglichen das Heben, Senken und Steuern von Anbaugeräten mit Leichtigkeit. Ein hydraulisches System arbeitet mit unter Druck stehendem Öl, das durch Pumpen bewegt wird, die vom Motor angetrieben werden. Diese Technologie ermöglicht eine präzise Steuerung von Anbaugeräten und erhöht die Effizienz der Feldarbeit.

Die Dreipunkt-Hydraulik, entwickelt von Harry Ferguson in den 1920er Jahren, wurde zum Standard in der Landwirtschaft. Sie ermöglicht es, Anbaugeräte stabil und effizient am Traktor zu befestigen, was die Sicherheit und Effizienz der Arbeit erhöht.

Zahlen und Fakten:

- Moderne Hydrauliksysteme in Traktoren können Drücke von bis zu 200 bar erzeugen, was es ermöglicht, schwere Anbaugeräte mühelos zu bedienen.

Anekdote:

- Harry Ferguson führte seine Dreipunkt-Hydraulik erstmals 1936 im Ferguson-Brown-Traktor ein, was die Art und Weise, wie Anbaugeräte mit Traktoren verbunden wurden, revolutionierte.

FAKT 8 Die Entwicklung der Traktorreifen: Von Metallrädern zu Hochleistungsreifen

Die ersten Traktoren waren mit Metallrädern ausgestattet, die oft mit Stollen versehen waren, um die Traktion zu verbessern. Diese Räder waren jedoch schwer und verursachten eine erhebliche Bodenverdichtung. In den 1930er Jahren wurden luftgefüllte Gummireifen eingeführt, die den Bodendruck reduzierten und die Traktion verbesserten.

Heutige Traktorreifen sind Hightech-Produkte, die speziell für verschiedene Bodenverhältnisse und Anwendungen entwickelt wurden. Es gibt verschiedene Reifentypen, darunter Breitreifen, die den Bodendruck weiter reduzieren, und Radialreifen, die eine bessere Traktion und längere Lebensdauer bieten.

Zahlen und Fakten:

- Moderne Traktorreifen können je nach Größe und Typ Lasten von mehreren Tonnen tragen und haben eine Lebensdauer von mehreren tausend Betriebsstunden.

Anekdote:

- Die Einführung von Radialreifen in den 1950er Jahren durch Michelin revolutionierte die Landwirtschaft, da sie eine bessere Traktion und einen geringeren Bodendruck ermöglichten.

FAKT 9

Autonome Traktoren: Die Zukunft der Landwirtschaft

Autonome Traktoren sind mit fortschrittlichen Sensoren, Kameras und GPS-Technologie ausgestattet, die es ihnen ermöglichen, Felder ohne menschliches Eingreifen zu bearbeiten. Sie können präzise Routen planen, Hindernisse erkennen und ihre Aufgaben effizient ausführen.

Ein Beispiel für einen autonomen Traktor ist der Case IH Magnum, der 2016 vorgestellt wurde. Dieses Modell kann programmiert werden, um spezifische Aufgaben auf dem Feld durchzuführen, was die Effizienz und Produktivität in der Landwirtschaft erhöht.

Zahlen und Fakten:

- Autonome Traktoren können rund um die Uhr arbeiten, was die Produktivität erheblich steigert und den Arbeitsaufwand für Landwirte reduziert.

Anekdote:

- Während einer Vorführung eines autonomen Traktors in den USA hielten einige Zuschauer die Maschine für ein UFO, da sie sich ohne Fahrer bewegte und mit Lichtern ausgestattet war.

FAKT 10 GPS und Präzisionslandwirtschaft: Wie Traktoren smarter werden

Die Integration von GPS-Technologie in Traktoren hat die Präzisionslandwirtschaft ermöglicht. Landwirte können nun Felder mit hoher Genauigkeit bearbeiten, was zu einer effizienteren Nutzung von Ressourcen führt. GPS ermöglicht es Traktoren, genaue Fahrspuren zu halten, Überlappungen zu vermeiden und die Effizienz zu maximieren.

Präzisionslandwirtschaft umfasst auch den Einsatz von Sensoren, die Bodenfeuchtigkeit, Nährstoffgehalt und andere Faktoren messen. Diese Daten werden verwendet, um den Einsatz von Düngemitteln und Wasser zu optimieren, was sowohl die Erträge steigert als auch die Umwelt schont.

Zahlen und Fakten:

- Durch den Einsatz von GPS-Technologie können Landwirte den Einsatz von Düngemitteln und Pestiziden um bis zu 20 % reduzieren, was sowohl ökonomische als auch ökologische Vorteile bietet.

Anekdote:

- Die Einführung von GPS-gesteuerten Lenksystemen in den 1990er Jahren führte dazu, dass einige Landwirte ihre Felder nachts bearbeiteten, da die Technologie es ermöglichte, auch bei schlechten Sichtverhältnissen präzise zu arbeiten.

KAPITEL 3

Rekorde und Superlative

Traktoren sind nicht nur praktische Arbeitsgeräte – sie faszinieren auch durch ihre beeindruckenden Rekorde und außergewöhnlichen Leistungen. Von gigantischen Maschinen, die die größten Felder der Welt bearbeiten, bis hin zu waghalsigen Geschwindigkeitsrekorden auf der Straße: Traktoren sind immer wieder für Überraschungen gut. Dieses Kapitel widmet sich den extremen Seiten der Traktorenwelt und zeigt, was diese Maschinen jenseits des Alltäglichen leisten können.

Erfahre mehr über den größten Traktor der Welt, den schnellsten Traktor, der je gebaut wurde, und einige der kuriosesten Rekorde, die Traktoren aufgestellt haben. Ob pure Kraft, technische Innovation oder kreative Herausforderungen – die Rekorde und Superlative zeigen, wie vielseitig und faszinierend Traktoren wirklich sind.

Mach dich bereit für eine Reise durch die Welt der Rekorde und entdecke Traktoren, die Geschichte geschrieben haben – auf und abseits der Felder.

FAKT 11 Der größte Traktor der Welt

Der **Big Bud 16V-747**, gebaut 1977 in den USA, gilt als der größte Traktor der Welt. Mit einer beeindruckenden Länge von 8,2 Metern, einer Breite von 6,35 Metern und einer Höhe von 4,27 Metern dominiert er jedes Feld. Angetrieben von einem 16-Zylinder-Motor, leistet er ursprünglich 760 PS, später auf 1.100 PS gesteigert. Sein Einsatzgebiet waren die weiten Baumwollfelder Kaliforniens, wo er mit einem 30 Meter breiten Grubber bis zu 1,2 Hektar pro Minute bearbeiten konnte.

Zahlen und Fakten:

- Der Big Bud 16V-747 wiegt voll betankt über 45 Tonnen und kann mit seinem 1.100-PS-Motor enorme landwirtschaftliche Flächen effizient bearbeiten.

Anekdote:

- Nach Jahren im Museum kehrte der Big Bud 2020 wieder aufs Feld zurück und beeindruckte erneut mit seiner Leistungsfähigkeit.

FAKT 12 Der kleinste Traktor der Welt

Während große Traktoren beeindrucken, faszinieren auch die kleinsten Modelle durch ihre Präzision und Vielseitigkeit. Ein bemerkenswertes Beispiel ist der **Centauro 60 DT** der Marke Same aus dem Jahr 1969. Mit einer Leistung von 57 PS und einem Gewicht von nur 700 Kilogramm ist er ein Hingucker auf Oldtimertreffen. Solche kompakten Traktoren sind ideal für Arbeiten auf engem Raum und in spezialisierten landwirtschaftlichen Betrieben.

Zahlen und Fakten:

- Der Centauro 60 DT wiegt 700 Kilogramm und leistet 57 PS, was ihn zu einem der kleinsten und leichtesten Traktoren seiner Klasse macht.

Anekdote:

- Auf Oldtimertreffen zieht der Centauro 60 DT stets die Blicke auf sich und wird oft als der kleinste Traktor bestaunt.

FAKT 13 Die schnellsten Traktoren: Von Rekordfahrten auf der Straße

Traktoren sind nicht für ihre Geschwindigkeit bekannt, doch einige Modelle haben beeindruckende Rekorde aufgestellt. Der **Fastrac Two** von JCB erreichte 2019 eine Höchstgeschwindigkeit von 217,6 km/h und hält damit den Guinness-Weltrekord als schnellster Traktor. Angetrieben von einem 7,2-Liter-Dieselmotor mit 1.016 PS, wurde er speziell für diesen Zweck modifiziert.

Zahlen und Fakten:

- Der Fastrac Two erreichte eine Höchstgeschwindigkeit von 217,6 km/h und hält damit den Guinness-Weltrekord als schnellster Traktor.

Anekdote:

- Der britische TV-Moderator und Ingenieur Guy Martin steuerte den Fastrac Two bei der Rekordfahrt und trug maßgeblich zum Erfolg bei.

FAKT 14 Der stärkste Traktor im Einsatz

Der **Case IH Steiger Quadtrac 620** gilt als einer der stärksten in Serie produzierten Traktoren weltweit. Mit einer maximalen Motorleistung von 692 PS und einem Drehmoment von 3.000 Nm ist er für die Bewältigung großer landwirtschaftlicher Flächen konzipiert. Sein Raupenfahrwerk sorgt für optimale Traktion und Bodenschonung.

Zahlen und Fakten:

- Der Case IH Steiger Quadtrac 620 verfügt über 692 PS und ein Drehmoment von 3.000 Nm, was ihn zu einem der leistungsstärksten Serientraktoren macht.

Anekdote:

- Trotz seiner beeindruckenden Größe und Leistung ist der Quadtrac 620 für seine Wendigkeit und Effizienz bekannt, was ihn bei Landwirten weltweit beliebt macht.

FAKT 15 Kuriose Traktorrekorde aus aller Welt

Traktoren haben nicht nur in der Landwirtschaft, sondern auch in ungewöhnlichen Bereichen Rekorde aufgestellt. In Edewecht, Niedersachsen, fand ein **Tractor Pulling**-Event statt, bei dem der Traktor „Green Monster" mit zwei Flugzeugmotoren und insgesamt 6.000 PS einen Bremswagen über 100 Meter zog und dabei 20 Liter Kraftstoff verbrauchte. Solche Veranstaltungen ziehen Tausende von Zuschauern an und zeigen die beeindruckende Leistungsfähigkeit modifizierter Traktoren.

Zahlen und Fakten:

- Der „Green Monster“ Traktor verfügt über 6.000 PS und verbraucht 20 Liter Kraftstoff pro 100 Meter beim Tractor Pulling.

Anekdote:

- Trotz der enormen Umweltbelastung sind Tractor Pulling-Events wie in Edewecht äußerst beliebt und ziehen Teams aus verschiedenen Ländern an.

KAPITEL 4

Traktoren in der Kultur

Traktoren sind nicht nur leistungsstarke Arbeitsmaschinen, sondern haben auch ihren Weg in die Kultur gefunden. Sie sind Symbole für den Fortschritt der Landwirtschaft, für harte Arbeit und den Wandel von Tradition zu Innovation. In Filmen, Büchern und Kunstwerken stehen Traktoren oft für Durchhaltevermögen und Bodenständigkeit. Ihre Präsenz reicht von nostalgischen Kindheitserinnerungen bis hin zu modernen Werken, in denen sie als Metapher für Technik und Umwelt dienen.

Dieses Kapitel beleuchtet die faszinierende Rolle von Traktoren in der Kultur. Erfahre mehr über ihre Auftritte in Filmen und Serien, ihren Einfluss auf Kunst und Literatur und darüber, wie sie in Paraden und Festivals weltweit gefeiert werden. Von Kindheitsträumen mit Spielzeugtraktoren bis hin zu kultigen Oldtimertreffen – Traktoren sind längst nicht mehr nur auf den Feldern zuhause. Sie haben sich einen festen Platz in der Gesellschaft und in unseren Herzen erobert.

Tauche ein in die kulturelle Welt der Traktoren und entdecke, wie diese beeindruckenden Maschinen Menschen überall auf der Welt inspirieren.

FAKT 16 Traktoren in Filmen und Büchern

Traktoren haben in der Film- und Literaturwelt einen festen Platz eingenommen. In Filmen wie „Cars“ von Disney-Pixar werden Traktoren als charmante Charaktere dargestellt, die das ländliche Leben repräsentieren. Dokumentationen wie „Der große DEUTZ Traktoren Film“ bieten tiefe Einblicke in die Geschichte und Entwicklung dieser Maschinen.

In der Literatur sind Traktoren ebenfalls präsent. Bücher wie „Das große Buch der Traktoren“ von Albert Mößmer verfolgen die Technikgeschichte von Pioniermodellen bis in die Gegenwart und bieten Traktorliebhabern umfassende Informationen.

FAKT 17 Traktoren in der Kunst: Vom Leinwandmotiv bis zur Skulptur

Traktoren haben Künstler weltweit inspiriert und sind in verschiedenen Kunstformen präsent. Gemälde und Fotografien zeigen Traktoren als Symbole für Landwirtschaft und Fortschritt. Skulpturen und Installationen, wie sie in Museen ausgestellt werden, würdigen die mechanische Ästhetik dieser Maschinen. Das Auto & Traktor Museum Bodensee präsentiert beispielsweise Traktoren aus allen Epochen und bietet einen umfassenden Einblick in die Entwicklung dieser Fahrzeuge.

FAKT 18 Traktor-Paraden und -Festivals: Feierlichkeiten rund um den Traktor

Weltweit finden zahlreiche Veranstaltungen statt, bei denen Traktoren im Mittelpunkt stehen. Traktor-Paraden und -Festivals ziehen Enthusiasten an, die historische und moderne

Modelle präsentieren. In Deutschland ist das Traktorenmuseum Pauenhof in Sonsbeck ein beliebter Treffpunkt für Traktorfans. Mit über 100 ausgestellten Traktoren bietet es einen umfassenden Einblick in die Geschichte der Landmaschinen.

FAKT 19 Traktoren als Sammlerobjekte: Der Markt für Oldtimer

Historische Traktoren sind begehrte Sammlerobjekte. Modelle wie der Lanz Bulldog oder der Hanomag R40 haben Kultstatus erreicht und erzielen auf Auktionen hohe Preise. Museen wie das Deutsche Traktoren- und Modellautomuseum in Paderborn zeigen über 100 Traktoren und bieten einen Überblick über die technikgeschichtliche Entwicklung dieser Maschinen.

FAKT 20 Traktoren als Kindheitstraum: Spielzeuge und Modelle

Traktoren faszinieren seit Generationen Kinder und Erwachsene gleichermaßen. Spielzeughersteller bieten detailgetreue Modelle an, die nicht nur zum Spielen, sondern auch zum Sammeln dienen. In der ehemaligen DDR wurden beispielsweise Holztraktoren von der Firma VERO hergestellt, die heute begehrte Sammlerstücke sind.

KAPITEL 5

Traktoren in der Landwirtschaft

Traktoren sind das Herzstück moderner Landwirtschaft. Seit ihrer Erfindung haben sie die Art und Weise revolutioniert, wie Felder bestellt, Ernten eingefahren und Böden bearbeitet werden. Sie haben die körperliche Belastung der Landwirte verringert, die Effizienz gesteigert und die Produktivität landwirtschaftlicher Betriebe erheblich erhöht.

Heute sind Traktoren weit mehr als Zugmaschinen. Sie sind multifunktionale Werkzeuge, die mit einer Vielzahl von Anbaugeräten kombiniert werden können, um nahezu jede landwirtschaftliche Aufgabe zu meistern – von der Bodenbearbeitung über die Aussaat bis hin zur Ernte. Dank innovativer Technologien wie GPS, Sensorik und autonomer Steuerung sind sie zudem zu präzisen und nachhaltigen Partnern in der Landwirtschaft geworden.

Dieses Kapitel beleuchtet die vielfältigen Einsatzmöglichkeiten von Traktoren in der Landwirtschaft. Entdecken Sie, wie unterschiedliche Traktortypen auf spezifische Anforderungen angepasst sind, welche Rolle sie in verschiedenen landwirtschaftlichen Bereichen wie Ackerbau, Viehzucht oder Obst- und Weinbau spielen und wie sie dazu beitragen, die Ernährungssicherheit einer wachsenden Weltbevölkerung zu gewährleisten.

Traktoren sind mehr als Maschinen – sie sind Symbole für Fortschritt und Innovation in einer der ältesten Branchen der Menschheit.

FAKT 21 Die Rolle des Traktors in der modernen Landwirtschaft

Traktoren sind das Rückgrat der modernen Landwirtschaft. Sie ermöglichen die effiziente Bewirtschaftung großer Flächen und haben die körperliche Belastung der Landwirte erheblich reduziert. Durch den Einsatz von Traktoren können verschiedene landwirtschaftliche Aufgaben wie Pflügen, Säen und Ernten schneller und präziser durchgeführt werden. Moderne Traktoren sind zudem mit Technologien wie GPS und Bordcomputern ausgestattet, die eine präzise Überwachung und Steuerung von Arbeitsprozessen ermöglichen.

FAKT 22 Unterschiedliche Traktortypen für verschiedene Einsätze

Es gibt eine Vielzahl von Traktortypen, die jeweils für spezifische Aufgaben in der Landwirtschaft konzipiert sind:

- **Standardtraktoren:** Vielseitig einsetzbar für allgemeine landwirtschaftliche Arbeiten.
- **Kompakttraktoren:** Ideal für Arbeiten auf kleineren Flächen oder in engen Bereichen.
- **Spezialtraktoren:** Entwickelt für spezifische Aufgaben wie den Einsatz in Weinbergen oder Obstplantagen.
- **Raupentraktoren:** Geeignet für Arbeiten auf schwierigem Gelände oder bei besonderen Bodenverhältnissen.

Die Wahl des richtigen Traktortyps hängt von den spezifischen Anforderungen des landwirtschaftlichen Betriebs ab.

FAKT 23

Der Traktor im Weinbau, Obstbau und auf dem Acker

Traktoren spielen in verschiedenen Bereichen der Landwirtschaft eine entscheidende Rolle:

- **Weinbau:** Spezielle Schmalspurtraktoren ermöglichen das Befahren enger Rebzeilen und unterstützen bei der Bodenbearbeitung, dem Spritzen und der Ernte.
- **Obstbau:** Traktoren mit hoher Wendigkeit und geringer Bauhöhe erleichtern das Manövrieren zwischen Obstbäumen und unterstützen bei Pflegearbeiten und der Ernte.
- **Ackerbau:** Leistungsstarke Traktoren übernehmen das Pflügen, Säen, Düngen und Ernten auf großen Feldern und tragen so zur Effizienzsteigerung bei.

Durch den Einsatz spezialisierter Traktoren können die unterschiedlichen Anforderungen dieser landwirtschaftlichen Bereiche optimal erfüllt werden.

FAKT 24 Traktoren und ihre Anhänger: Wie sie zusammenarbeiten

Die Kombination von Traktoren mit verschiedenen Anhängern und Anbaugeräten erweitert deren Einsatzmöglichkeiten erheblich. Anhängesysteme wie der Dreipunktanbau ermöglichen das schnelle Wechseln von Geräten wie Pflügen, Eggen oder Sämaschinen. Moderne Traktoren sind zudem mit Hydrauliksystemen ausgestattet, die die Steuerung und den Betrieb der Anbaugeräte erleichtern. Diese Flexibilität ermöglicht es Landwirten, eine Vielzahl von Aufgaben mit einem einzigen Traktor effizient zu erledigen.

FAKT 25 Traktoren und Umwelt: Nachhaltigkeit in der Landwirtschaft

Moderne Traktoren tragen zur nachhaltigen Landwirtschaft bei, indem sie mit Technologien ausgestattet sind, die den Kraftstoffverbrauch reduzieren und die Emissionen minimieren. Präzisionslandwirtschaft mit GPS-Technologie ermöglicht eine genaue Ausbringung von Düngemitteln und Pflanzenschutzmitteln, was Ressourcen schont und die Umweltbelastung verringert. Zudem werden zunehmend Traktoren mit alternativen Antrieben wie Elektro- oder Hybridmotoren entwickelt, um den CO_2-Ausstoß weiter zu reduzieren.

KAPITEL 6

Traktoren weltweit

Traktoren sind weltweit unverzichtbare Helfer in der Landwirtschaft, doch ihre Nutzung und Bauweise unterscheiden sich je nach Region erheblich. Während in den USA gigantische Maschinen die weiten Felder bewirtschaften, setzen asiatische Länder oft auf kompakte, wendige Modelle, die sich für kleinere Betriebe eignen. In Europa dominieren hochmoderne Traktoren mit innovativer Technik, die auf Effizienz und Präzision ausgerichtet sind.

Dieses Kapitel nimmt dich mit auf eine Reise rund um den Globus, um die vielfältigen Einsatzmöglichkeiten und Anpassungen von Traktoren in verschiedenen Ländern und Klimazonen zu entdecken. Erfahre, wie Traktoren in Entwicklungsländern den Zugang zu moderner Landwirtschaft ermöglichen, welche Modelle in extremen Umgebungen wie Wüsten oder am Polarkreis zum Einsatz kommen und wie die kulturellen und geografischen Gegebenheiten die Traktorenentwicklung geprägt haben.

Von den weitläufigen Feldern Nordamerikas über die Terrassenfelder Asiens bis hin zu den hochspezialisierten Anbaugebieten Europas – Traktoren sind echte Weltbürger und passen sich den unterschiedlichsten Herausforderungen an. Dieses Kapitel zeigt, wie vielseitig und bedeutend Traktoren in der globalen Landwirtschaft sind.

FAKT 26 Traktoren in Europa: Unterschiede zwischen Ost und West

In Europa variieren die landwirtschaftlichen Strukturen zwischen Ost und West erheblich, was sich auch in der Nutzung und Auswahl von Traktoren widerspiegelt. In Westeuropa dominieren größere Betriebe mit moderner Ausstattung, während in Osteuropa kleinere, oft familiengeführte Betriebe vorherrschen. Diese Unterschiede beeinflussen die Präferenzen bei Traktormodellen und -größen.

FAKT 27 Die USA: Heimat der größten Traktorhersteller

Die USA sind bekannt für ihre bedeutenden Traktorhersteller wie John Deere und Case IH. Diese Unternehmen produzieren leistungsstarke Maschinen, die für die großflächige Landwirtschaft des Landes konzipiert sind. Die weiten Felder und hohen Produktionsanforderungen in den USA haben zur Entwicklung von Traktoren mit hoher Effizienz und Zuverlässigkeit geführt.

FAKT 28 Traktoren in Asien: Innovation und Anpassung an kleinere Betriebe

In Asien, insbesondere in Ländern wie China und Japan, sind landwirtschaftliche Betriebe oft klein und fragmentiert. Dies hat zur Entwicklung kompakter und wendiger Traktoren geführt, die für den Einsatz auf kleinen Parzellen geeignet sind. Regierungen unterstützen die Mechanisierung durch Subventionen, um die Effizienz zu steigern und die Produktivität zu erhöhen.

FAKT 29 Traktoren in Entwicklungsländern: Hilfe zur Selbsthilfe

In Entwicklungsländern spielen Traktoren eine entscheidende Rolle bei der Modernisierung der Landwirtschaft. Durch den Zugang zu mechanisierten Geräten können Landwirte ihre Produktivität steigern und die Ernährungsgrundlage verbessern. Internationale Organisationen und Regierungen fördern Programme, die den Zugang zu Traktoren erleichtern, um die ländliche Entwicklung zu unterstützen.

FAKT 30 Traktoren in extremen Umgebungen: Vom Polarkreis bis zur Wüste

Traktoren werden weltweit unter extremen Bedingungen eingesetzt, von den eisigen Regionen des Polarkreises bis zu den heißen Wüstengebieten. Hersteller entwickeln spezielle Modelle, die extremen Temperaturen und schwierigen Geländebedingungen standhalten. Dies umfasst Anpassungen wie spezielle Kühlsysteme, robuste Materialien und angepasste Reifen, um in unterschiedlichen Klimazonen effektiv zu arbeiten.

KAPITEL 7

Fun Facts und Kuriositäten

Traktoren sind nicht nur beeindruckende Arbeitsmaschinen – sie stecken auch voller Überraschungen! Von waghalsigen Rekordversuchen über skurrile Erfindungen bis hin zu kuriosen Einsätzen fernab der Landwirtschaft: In diesem Kapitel dreht sich alles um die unterhaltsamen und unerwarteten Seiten der Traktorenwelt.

Erfahre, wie Traktoren für Traktorrennen getunt werden, warum einige Modelle in leuchtendem Pink lackiert sind oder wie ein Traktor zum Kunstobjekt wurde. Wusstest du, dass es Traktoren gibt, die so klein sind, dass sie in einen Kofferraum passen? Oder dass Traktorrennen in einigen Ländern genauso beliebt sind wie Fußball?

Dieses Kapitel zeigt die humorvollen, kreativen und oft erstaunlichen Geschichten rund um Traktoren. Tauche ein in eine Welt voller Fun Facts und entdecke die Maschinen, die nicht nur Felder, sondern auch Herzen erobern. Hier erfährst du, warum Traktoren weit mehr sind als nur Werkzeuge – sie sind Kult!

FAKT 31 Traktoren bei ungewöhnlichen Einsätzen: Straßenbau, Waldarbeiten und mehr

Traktoren sind nicht nur in der Landwirtschaft unverzichtbar, sondern finden auch in anderen Bereichen vielfältige Einsatzmöglichkeiten. Im Straßenbau ersetzen sie zunehmend Lkw, insbesondere im Tiefbau, wo ihre hohe Geländegängigkeit und Flexibilität von Vorteil sind.

In der Forstwirtschaft werden spezielle Forstschlepper eingesetzt, die dank ihrer Dreipunktaufhängung vielseitige Aufgaben wie das Rücken von Holz übernehmen können.

Zahlen und Fakten:

- Traktoren im Baustelleneinsatz bieten eine bessere Geländegängigkeit als klassische Baustellen-Lkw, ohne dabei an Straßentauglichkeit einzubüßen.

Anekdote:

- In der Gemeinde Laußig in Sachsen nutzt die Freiwillige Feuerwehr Authausen einen einzigartigen Lösch-Traktor, einen „Fortschritt ZT 303-C“ aus DDR-Zeiten, als Einsatzfahrzeug.

FAKT 32 Traktorrennen: Ein ungewöhnlicher Sport

Traktorrennen haben sich zu einer beliebten Motorsportart entwickelt, bei der modifizierte Traktoren in verschiedenen Disziplinen gegeneinander antreten. Ein bekanntes Event ist das 24-Stunden-Traktorrennen in Reingers, Österreich, bei dem über 90 Oldtimer-Traktoren um das „Goldene Hanfblatt“ kämpfen.

Zahlen und Fakten:

- Das 24-Stunden-Traktorrennen in Reingers zieht jährlich tausende Zuschauer an und fand 2023 bereits zum 20. Mal statt.

Anekdote:

- Beim Traktorrennen in Reingers treten Teams mit kreativen Namen und individuell gestalteten Traktoren an, was zur einzigartigen Atmosphäre des Events beiträgt.

FAKT 33 Der teuerste Traktor der Welt

Historische Traktoren erzielen bei Auktionen oft beeindruckende Preise. Ein bemerkenswertes Beispiel ist ein Case 30–60 aus dem Jahr 1913, der bei einer Auktion für 1.470.000 US-Dollar versteigert wurde und damit als teuerster Traktor der Welt gilt.

Zahlen und Fakten:

- Der Case 30-60 von 1913 erzielte einen Weltrekordpreis von 1.470.000 US-Dollar und ist damit der teuerste jemals verkaufte Oldtimer-Traktor.

Anekdote:

- Der hohe Preis des Case 30-60 unterstreicht den wachsenden Markt für historische Landmaschinen und die Leidenschaft von Sammlern für solche Raritäten.

FAKT 34 Warum manche Traktoren pink sind: Aktionen und Kampagnen

Pinke Traktoren werden oft im Rahmen von Wohltätigkeitsaktionen eingesetzt, um auf wichtige Themen aufmerksam zu machen. Ein Beispiel ist der pink lackierte Lintrac-Traktor des österreichischen Herstellers Lindner, der von der Sängerin Melissa Naschenweng signiert wurde. Der Verkaufserlös dieses Traktors kam der Krebshilfe zugute, um die Beratung und Hilfe für Brustkrebspatientinnen zu unterstützen.

Zahlen und Fakten:

- Lindner spendete 10.000 Euro vom Verkaufserlös des pinken Lintrac-Traktors an die Krebshilfe für die Unterstützung von Brustkrebspatientinnen.

Anekdote:

- Der pinke Lintrac-Traktor tourte durch ganz Österreich und war bei verschiedenen Events zu sehen, um auf die Anliegen der Krebshilfe aufmerksam zu machen.

FAKT 35 Traktoren in der Popkultur

Traktoren haben ihren Platz in der Popkultur gefunden und erscheinen in Filmen, Musikvideos und als Sammlerstücke. Ein Beispiel ist der „Tatüta-Traktor" der Freiwilligen Feuerwehr Authausen, ein „Fortschritt ZT 303-C", der als Modell im Maßstab 1:87 reproduziert wurde und schnell zum begehrten Sammlerstück avancierte.

Zahlen und Fakten:

- Die Miniatur des „Tatüta-Traktors" war ursprünglich für 26,99 Euro erhältlich, wurde jedoch schnell ausverkauft und erzielte auf dem Gebrauchtmarkt Preise von bis zu 99,99 Euro.

Anekdote:

- Die Feuerwehrkameraden der Freiwilligen Feuerwehr Authausen wurden nicht über die Nachbildung ihres Traktors informiert und konnten sich daher nur wenige Modelle sichern.

KAPITEL 8

Berühmte Traktormarken

Die Welt der Traktoren wird von einigen legendären Marken geprägt, die seit Jahrzehnten Innovation und Qualität repräsentieren. Namen wie John Deere, Fendt, Massey Ferguson oder Case IH sind weit mehr als nur Hersteller – sie stehen für Tradition, Fortschritt und eine untrennbare Verbindung zur Landwirtschaft. Jede dieser Marken hat ihre eigene Geschichte und ihren Beitrag zur Entwicklung der modernen Landtechnik geleistet.

In diesem Kapitel reisen wir durch die faszinierende Welt der berühmten Traktormarken. Von den ersten bahnbrechenden Erfindungen über ikonische Modelle bis hin zu den Innovationen, die die Traktoren von heute und morgen definieren, beleuchten wir die Errungenschaften und den Einfluss dieser Unternehmen.

Erfahre, wie John Deere mit seinem unverwechselbaren grünen Design die Herzen von Landwirten weltweit eroberte, warum Fendt als „Mercedes unter den Traktoren" gilt und wie Massey Ferguson mit der Dreipunkt-Hydraulik die Landwirtschaft revolutionierte. Dieses Kapitel zeigt, dass hinter jeder großen Traktormarke eine Geschichte steckt – von mutigen Visionären, technologischem Pioniergeist und einer Leidenschaft für die Landwirtschaft.

FAKT 36 John Deere: Die grüne Ikone

John Deere, gegründet 1837 von dem Schmied und Erfinder John Deere, hat sich zu einem der weltweit führenden Hersteller von Landtechnik entwickelt. Die charakteristische grüngelbe Farbgebung der Maschinen ist weltweit bekannt. Ein bedeutender Meilenstein war 1956 die Übernahme der Heinrich Lanz AG in Mannheim, wodurch John Deere seine Präsenz in Europa stärkte.

Zahlen und Fakten:

- John Deere ist mit einem Marktanteil von 19,1 % einer der führenden Traktorenhersteller in Deutschland.

Anekdote:

- Die ikonische grün-gelbe Farbgebung von John Deere-Traktoren wurde erstmals in den 1920er Jahren eingeführt und hat seitdem einen hohen Wiedererkennungswert.

FAKT 37 Fendt: Der deutsche Klassiker

Fendt wurde 1930 von den Brüdern Hermann und Xaver Fendt in Marktoberdorf, Bayern, gegründet. Seit 1997 gehört Fendt zur US-amerikanischen AGCO-Gruppe. Ein bedeutender Meilenstein war die Einführung des stufenlosen Vario-Getriebes im Jahr 1995, das den Traktorenmarkt revolutionierte.

Zahlen und Fakten:

- Fendt erreichte 2023 in Deutschland einen Marktanteil von 20,45 % bei den Neuzulassungen von Traktoren.

Anekdote:

- Der Fendt 724 Vario war 2021 das beliebteste Traktormodell in Deutschland.

FAKT 38 Massey Ferguson: Eine Marke mit Geschichte

Massey Ferguson entstand 1953 durch die Fusion der kanadischen Massey-Harris Company und der britischen Ferguson Company. Die Marke ist bekannt für die Entwicklung des Dreipunkt-Krafthebers, der die Effizienz in der Landwirtschaft erheblich steigerte. Heute gehört Massey Ferguson zur AGCO-Gruppe.

Zahlen und Fakten:

- Massey Ferguson trägt mit rund 15,3 % zu den Traktorzulassungen der AGCO-Gruppe in Deutschland bei.

Anekdote:

- Massey Ferguson war einer der ersten Hersteller, der Traktoren mit Dieselmotoren in Serie produzierte, was die Effizienz und Leistung der Maschinen erheblich steigerte.

FAKT 39 Case IH: Die rote Kraft aus den USA

Case IH entstand 1985 durch die Fusion von J.I. Case und der Landmaschinensparte von International Harvester. Die Marke ist bekannt für ihre leistungsstarken roten Traktoren und gehört heute zu CNH Industrial.

Zahlen und Fakten:

- CNH Industrial, zu dem Case IH gehört, hatte 2023 einen Marktanteil von 11 % bei Traktorzulassungen in Deutschland.

Anekdote:

- Case IH führte 1988 den Magnum-Traktor ein, der erste neue Traktor, der aus der kombinierten Ingenieurskunst von International Harvester und Case hervorging.

FAKT 40 Kubota: Japans Beitrag zur Traktorwelt

Kubota wurde 1890 in Osaka, Japan, gegründet und begann 1960 mit der Produktion von Traktoren. Die Marke ist bekannt für ihre kompakten und vielseitigen Maschinen, die weltweit in der Landwirtschaft und im Bauwesen eingesetzt werden.

Zahlen und Fakten:

- Kubota erreichte 2023 in Deutschland einen Marktanteil von 7 % bei den Neuzulassungen von Traktoren.

Anekdote:

- Kubota war einer der ersten japanischen Hersteller, der Traktoren in die USA exportierte, was zur Internationalisierung des Unternehmens beitrug.

KAPITEL 9

Traktorpflege und -wartung

Ein Traktor ist eine Investition, die bei guter Pflege und Wartung über Jahrzehnte hinweg zuverlässige Dienste leisten kann. Regelmäßige Wartung sorgt nicht nur für die einwandfreie Funktion, sondern verlängert auch die Lebensdauer und schützt vor teuren Reparaturen. Von der Reinigung und Schmierung der beweglichen Teile bis hin zur Überprüfung von Hydrauliksystemen und Elektronik – die Pflege eines Traktors erfordert sowohl technisches Wissen als auch Sorgfalt.

In diesem Kapitel erfährst du, wie du deinen Traktor optimal in Schuss hältst. Welche Wartungsarbeiten sind regelmäßig notwendig? Welche Tipps und Tricks gibt es, um den Motor und andere Komponenten zu schonen? Und wie bereitest du deinen Traktor optimal auf die Winterpause vor?

Ob du ein erfahrener Landwirt bist oder gerade deinen ersten Traktor gekauft hast – die richtige Pflege und Wartung sind der Schlüssel, um die volle Leistung aus deiner Maschine herauszuholen. Dieses Kapitel zeigt dir, wie du deinen Traktor fit hältst, damit er dir jahrelang zuverlässig zur Seite steht.

FAKT 41 Tipps zur richtigen Pflege eines Traktors

Die regelmäßige Pflege eines Traktors ist entscheidend für seine Langlebigkeit und Zuverlässigkeit. Eine gründliche Reinigung nach jedem Einsatz verhindert Korrosion und ermöglicht das frühzeitige Erkennen von Schäden. Besonderes Augenmerk sollte auf schwer zugängliche Bereiche gelegt werden, in denen sich Schmutz ansammeln kann.

Zahlen und Fakten:

- Regelmäßige Reinigung und Wartung können die Lebensdauer eines Traktors erheblich verlängern und teure Reparaturen vermeiden.

Anekdote:

- Ein Landwirt entdeckte bei der Reinigung seines Traktors einen beginnenden Ölverlust, der durch eine lockere Schraube verursacht wurde. Durch die sofortige Behebung konnte ein größerer Schaden verhindert werden.

FAKT 42 Wichtige Sicherheitsvorkehrungen beim Fahren

Die Sicherheit beim Fahren eines Traktors beginnt mit der richtigen Schutzausrüstung und der Einhaltung aller Sicherheitsvorschriften. Das Tragen von Sicherheitsgurten und das Beachten der zulässigen Geschwindigkeiten sind essenziell. Zudem sollten regelmäßige Schulungen und Unterweisungen durchgeführt werden, um das Bewusstsein für Sicherheitsrisiken zu schärfen.

Zahlen und Fakten:

- Unfälle mit landwirtschaftlichen Fahrzeugen machen einen signifikanten Anteil der Arbeitsunfälle in der Landwirtschaft aus.

Durch präventive Maßnahmen können viele dieser Unfälle vermieden werden.

Anekdote:

- Ein erfahrener Traktorfahrer verhinderte einen Unfall, indem er rechtzeitig auf einen technischen Defekt reagierte, den er durch seine regelmäßigen Sicherheitschecks frühzeitig erkannt hatte.

FAKT 43 Die häufigsten Probleme und wie man sie behebt

Traktoren können im Betrieb auf verschiedene Probleme stoßen, darunter elektrische Störungen, Hydraulikprobleme und Motorenausfälle. Ein häufiges Problem ist die Entladung der Batterie nach längeren Standzeiten. Regelmäßige Überprüfungen und Wartungen sind entscheidend, um solche Probleme zu verhindern.

Zahlen und Fakten:

- Elektrische Probleme und Hydraulikstörungen gehören zu den häufigsten Ursachen für Traktorausfälle. Eine regelmäßige Wartung kann die Wahrscheinlichkeit solcher Ausfälle erheblich reduzieren.

Anekdote:

- Ein Landwirt stellte fest, dass sein Traktor nicht ansprang, nachdem er zwei Wochen ungenutzt stand. Nach Überprüfung stellte sich heraus, dass die Batterie entladen war. Seitdem verwendet er einen Batteriewächter, um solche Probleme zu vermeiden.

FAKT 44 Traktoren überwintern: So bleibt der Motor fit

Die richtige Vorbereitung eines Traktors auf die Winterpause ist entscheidend, um Schäden durch Kälte und Feuchtigkeit zu vermeiden. Eine gründliche Reinigung vor der Einlagerung verhindert Korrosion. Zudem sollte der Kraftstofftank gefüllt werden, um Kondenswasserbildung zu verhindern, und die Batterie sollte regelmäßig geladen werden.

Zahlen und Fakten:

- Ein gefüllter Kraftstofftank reduziert das Risiko von Kondenswasserbildung und damit von Korrosion im Inneren des Tanks.

Anekdote:

- Ein Landwirt vergaß, den Tank seines Traktors vor dem Winter zu füllen. Im Frühjahr stellte er fest, dass sich Rost im Tank gebildet hatte, was zu teuren Reparaturen führte.

FAKT 45 Die richtige Ausstattung für eine lange Lebensdauer

Die Verwendung von hochwertigem Zubehör und Ersatzteilen trägt maßgeblich zur Langlebigkeit eines Traktors bei. Originalteile sind oft besser auf die Maschine abgestimmt und gewährleisten eine optimale Funktion. Zudem sollten regelmäßige Software-Updates durchgeführt werden, um die Effizienz und Sicherheit des Traktors zu gewährleisten.

Zahlen und Fakten:

- Die Verwendung von Originalersatzteilen kann die Lebensdauer eines Traktors um bis zu 20 % verlängern.

Anekdote:

- Ein Landwirt entschied sich, bei einer Reparatur günstigere Nachbauteile zu verwenden. Kurz darauf traten erneut Probleme auf, die schließlich durch den Einsatz von Originalteilen behoben wurden.

KAPITEL 10

Die Traktor-Community

Traktoren sind weit mehr als nur Maschinen – sie verbinden Menschen. Überall auf der Welt gibt es eine leidenschaftliche Gemeinschaft von Traktorliebhabern, die sich für historische Modelle, technische Innovationen und das gemeinsame Erlebnis begeistern. Von regelmäßigen Treffen und Oldtimer-Ausstellungen über Foren und soziale Medien bis hin zu spektakulären Events wie Traktorrennen oder Paraden – die Traktor-Community ist vielfältig und lebendig.

Dieses Kapitel taucht in die Welt der Traktorbegeisterten ein. Erfahre, wie sich Menschen über ihre gemeinsame Leidenschaft austauschen, welche Veranstaltungen die Highlights im Traktorkalender sind und warum die Traktor-Community eine ganz besondere Form von Zusammenhalt bietet. Ob du selbst Traktorbesitzer bist oder einfach nur von der Technik und Geschichte fasziniert – hier bekommst du einen Einblick in die Gemeinschaft, die Traktoren zu einem echten Kultobjekt macht.

Entdecke, wie Traktoren nicht nur Felder, sondern auch Menschen miteinander verbinden.

FAKT 46 Traktoren-Clubs und Vereine

In Deutschland existiert eine Vielzahl von Traktoren-Clubs und Vereinen, die sich der Pflege und dem Erhalt historischer Landmaschinen widmen. Diese Gemeinschaften bieten Enthusiasten eine Plattform zum Austausch, zur Organisation von Treffen und zur Durchführung gemeinsamer Ausfahrten. Beispielsweise engagiert sich der Verein „Traktorfreunde Kannenbäckerland e.V." seit 2013 für die Bewahrung historischer Traktoren und veranstaltet regelmäßig Events.

Zahlen und Fakten:

- In Deutschland gibt es zahlreiche Traktoren-Clubs, die regional organisiert sind und regelmäßig Veranstaltungen durchführen.

Anekdote:

- Der „Lanz-Bulldog-Club Oyten-Backsberg e.V." trägt durch seine Aktivitäten zur Belebung des kulturellen Lebens in der Region bei und fördert den Zusammenhalt unter Traktorenliebhabern.

FAKT 47 Die besten Traktormessen und -ausstellungen

Traktormessen und -ausstellungen sind zentrale Treffpunkte für Landtechnikbegeisterte, Hersteller und Fachleute. Die „Agritechnica" in Hannover gilt als weltweit größte Fachmesse für Landtechnik und zieht Tausende Besucher an. Ein weiteres bedeutendes Event ist die „agra Landwirtschaftsausstellung" in Leipzig, die 2024 mit 792 Ausstellern und über 51.000 Besuchern einen neuen Rekord verzeichnete.

Zahlen und Fakten:

- Die „Agritechnica“ verzeichnete 2023 über 2.600 Aussteller aus 53 Ländern und eine Ausstellungsfläche von mehr als 400.000 m^2.

Anekdote:

- Auf der „agra Landwirtschaftsausstellung“ können Besucher in der „Traktor-Aktionsfläche“ selbst Traktoren verschiedener Marken testen und ihre Fahrgeschicklichkeit unter Beweis stellen.

FAKT 48 Onlineforen und Communities für Traktorfans

Im digitalen Zeitalter vernetzen sich Traktorfans weltweit über Onlineforen und Communities. Plattformen wie „Traktorhof“ bieten Diskussionsforen, technische Hilfestellungen und einen Marktplatz für Ersatzteile. Solche Foren fördern den Austausch von Wissen und Erfahrungen und stärken die Gemeinschaft der Traktorenthusiasten.

Zahlen und Fakten:

- Onlineforen für Traktorfans haben Tausende registrierte Mitglieder und täglich zahlreiche aktive Diskussionen.

Anekdote:

- Ein Mitglied des „Traktorhof“-Forums fand durch die Community ein seltenes Ersatzteil für seinen Oldtimer-Traktor, das er jahrelang gesucht hatte.

FAKT 49 Traktor-Influencer: Die neuen Stars der Landwirtschaft

Mit dem Aufstieg sozialer Medien haben sich Traktor-Influencer etabliert, die Einblicke in den landwirtschaftlichen Alltag geben, Maschinen vorstellen und Tipps zur Traktorpflege teilen. Sie erreichen teils Hunderttausende Follower und tragen zur Popularisierung der Landwirtschaft bei.

Zahlen und Fakten:

- Beliebte Traktor-Influencer auf Plattformen wie Instagram und YouTube haben Reichweiten von über 100.000 Followern.

Anekdote:

- Ein Traktor-Influencer organisierte über seine Social-Media-Kanäle ein Treffen, zu dem über 500 Fans mit ihren eigenen Traktoren erschienen.

FAKT 50 Wie man Teil der Traktorfamilie wird

Der Einstieg in die Traktorfamilie beginnt oft mit dem Interesse an historischen Landmaschinen oder der Landwirtschaft. Der Beitritt zu einem lokalen Traktoren-Club oder die Teilnahme an Veranstaltungen und Messen bieten ideale Gelegenheiten, Gleichgesinnte zu treffen und Wissen auszutauschen. Onlineforen und soziale Medien erleichtern zudem den Zugang zur Community.

Zahlen und Fakten:

- In Deutschland gibt es zahlreiche Traktoren-Clubs und regelmäßige Veranstaltungen, die Neulingen den Einstieg erleichtern.

Anekdote:

- Ein Neuling besuchte eine lokale Traktorenmesse und wurde dort von einem Clubmitglied angesprochen. Dies führte zu einer langjährigen Mitgliedschaft und zahlreichen Freundschaften innerhalb der Traktorfamilie.

KAPITEL 11

Die Zukunft der Traktoren

Die Landwirtschaft steht vor großen Herausforderungen: Klimawandel, steigende Anforderungen an Nachhaltigkeit und der wachsende Bedarf an Nahrungsmitteln für eine wachsende Weltbevölkerung. Traktoren, die Herzstücke moderner Agrartechnik, spielen eine Schlüsselrolle bei der Bewältigung dieser Aufgaben. Doch wie sieht die Zukunft dieser Maschinen aus?

Die Traktoren von morgen werden smarter, effizienter und nachhaltiger sein. Autonome Traktoren, die ohne Fahrer Felder bearbeiten, sind keine Vision mehr, sondern bereits Realität. Elektrische und hybride Antriebe werden zunehmend fossile Brennstoffe ersetzen und so den CO_2-Ausstoß reduzieren. Technologien wie GPS, künstliche Intelligenz und Sensorik werden Traktoren noch präziser machen und Landwirten helfen, Ressourcen effizienter zu nutzen.

In diesem Kapitel werfen wir einen Blick auf die innovativen Entwicklungen, die die Traktorenwelt revolutionieren könnten. Entdecke, wie Zukunftstechnologien nicht nur die Arbeit erleichtern, sondern auch die Landwirtschaft nachhaltiger gestalten. Von autonomen Maschinen bis hin zu umweltfreundlichen Antrieben – die Zukunft der Traktoren hat längst begonnen.

FAKT 51 Elektro-Traktoren: Die Alternative zu Diesel

Elektro-Traktoren bieten eine umweltfreundliche Alternative zu dieselbetriebenen Maschinen. Ein Beispiel ist der Fendt e100 Vario, ein kompakter E-Traktor mit einer Batteriekapazität von 100 kWh, der im Teillastbereich eine Einsatzzeit von rund vier Stunden ermöglicht. Durch den Einsatz eines Brennstoffzellen-basierten Range-Extenders kann die Reichweite des Fendt e100 Vario verdoppelt werden, sodass eine Arbeitszeit von über acht Stunden erreicht wird.

Zahlen und Fakten:

- Der Fendt e100 Vario verfügt über eine 100-kWh-Batterie, die eine Einsatzzeit von etwa vier Stunden ermöglicht.
- Mit einem Brennstoffzellen-basierten Range-Extender kann die Arbeitszeit auf über acht Stunden verlängert werden.

Anekdote:

- Ein Landwirt, der den Fendt e100 Vario testete, berichtete, dass die leise Arbeitsweise des Elektro-Traktors nicht nur die Tiere auf dem Hof weniger störte, sondern auch die Nachbarn, was zu einem harmonischeren Miteinander führte.

FAKT 52 Traktoren mit Brennstoffzellen

Traktoren mit Brennstoffzellen nutzen Wasserstoff, um elektrische Energie zu erzeugen, was zu null Emissionen führt. New Holland hat den NH2 entwickelt, einen wasserstoffbetriebenen Traktor, der alle landwirtschaftlichen Aufgaben erfüllen kann und dabei nur Wärme und Wasser abgibt.

Zahlen und Fakten:

- Der NH2-Traktor von New Holland kann in etwa fünf Minuten betankt werden, was ihn besonders effizient für den landwirtschaftlichen Einsatz macht.

Anekdote:

- Bei einer Vorführung des NH2-Traktors staunten die Zuschauer über die nahezu geräuschlose Arbeitsweise der Maschine, was in starkem Kontrast zu den traditionellen, lauten Dieseltraktoren stand.

FAKT 53 Smart Farming: Vernetzte Traktoren im Einsatz

Smart Farming integriert moderne Technologien wie GPS, Sensoren und Datenanalyse in die Landwirtschaft. Fendt bietet mit FendtONE ein System, das Maschinen und Büroanwendungen vernetzt, um Arbeitsprozesse zu optimieren.

Zahlen und Fakten:

- Laut einer Studie nutzen bereits 82 % der Landwirte digitale Technologien wie Hightech-Landmaschinen, Agrar-Apps und Drohnen.

Anekdote:

- Ein Landwirt berichtete, dass er durch den Einsatz von Smart-Farming-Technologien seine Düngemittelkosten um 15 % senken konnte, da er nun präziser arbeiten kann.

FAKT 54 Drohnen und Traktoren: Das perfekte Team

Drohnen ergänzen Traktoren, indem sie Felder aus der Luft überwachen und Daten liefern, die für die präzise Bewirtschaftung genutzt werden können. Sie helfen bei der Erkennung von Schädlingsbefall, der Überwachung des Pflanzenwachstums und der Optimierung von Bewässerungssystemen.

Zahlen und Fakten:

- Der Einsatz von Drohnen kann die Effizienz in der Landwirtschaft steigern und den Ressourcenverbrauch reduzieren.

Anekdote:

- Ein Winzer entdeckte mithilfe einer Drohne einen beginnenden Pilzbefall in einem abgelegenen Teil seines Weinbergs und konnte so rechtzeitig Gegenmaßnahmen ergreifen, bevor der Schaden größer wurde.

FAKT 55 Herausforderungen und Chancen in der Traktorentwicklung

Die Traktorentwicklung steht vor Herausforderungen wie der Integration neuer Technologien, der Reduzierung von Emissionen und der Anpassung an unterschiedliche Marktanforderungen. Gleichzeitig bieten Innovationen wie autonome Systeme, alternative Antriebe und digitale Vernetzung enorme Chancen für die Effizienzsteigerung und Nachhaltigkeit in der Landwirtschaft.

Zahlen und Fakten:

- Die Einführung von Smart-Farming-Technologien kann die Produktivität in der Landwirtschaft signifikant erhöhen.

Anekdote:

- Ein Hersteller entwickelte einen autonomen Traktor, der nachts eigenständig Felder bearbeitet. Ein Landwirt, der dieses System testete, war beeindruckt, als er morgens aufwachte und feststellte, dass die Arbeit bereits erledigt war, ohne dass er selbst eingreifen musste.

KAPITEL 12

Nachhaltigkeit und Umweltbewusstsein in der Traktorindustrie

Traktoren sind seit jeher das Rückgrat der modernen Landwirtschaft – Maschinen, die nicht nur Leistung und Effizienz garantieren, sondern mittlerweile auch zunehmend im Zeichen des Umweltschutzes und der Nachhaltigkeit stehen. Angesichts der drängenden globalen Herausforderungen wie Klimawandel, Ressourcenknappheit und steigende Umweltauflagen gewinnt der nachhaltige Umgang mit Technologien in der Landtechnik immer mehr an Bedeutung. In der Traktorindustrie setzen Hersteller vermehrt auf innovative Konzepte, um den ökologischen Fußabdruck zu verringern und gleichzeitig die Produktivität der Landwirtschaft zu erhalten. Von alternativen Kraftstoffen über Recyclingstrategien bis hin zu modernsten Emissionsminderungstechniken – dieser Wandel ist nicht nur eine technische Notwendigkeit, sondern auch ein Schritt in Richtung einer zukunftsfähigen und umweltbewussten Agrarwirtschaft. Die folgenden Fakten geben einen detaillierten Einblick in die Entwicklungen, die Traktoren umweltfreundlicher und nachhaltiger machen.

FAKT 56 Alternative Kraftstoffe – Innovative Ansätze jenseits von Diesel

Traktoren, die mit alternativen Kraftstoffen betrieben werden, bieten eine vielversprechende Lösung, um die Abhängigkeit von fossilen Brennstoffen zu verringern. Neben Biokraftstoffen und synthetischen Kraftstoffen wird zunehmend auch Wasserstoff als umweltfreundliche Alternative erprobt. Moderne Motoren, die speziell auf diese Kraftstoffe optimiert sind, ermöglichen nicht nur einen effizienteren Betrieb, sondern senken auch die Emissionen signifikant.

Zahlen und Fakten:

- Erste Modelle, die mit Biokraftstoffen betrieben werden, konnten den CO_2-Ausstoß um bis zu 30 % reduzieren – und Prototypen mit Wasserstoffantrieb erzielen bereits beeindruckende Leistungswerte.

Anekdote:

- Ein Landwirt in Bayern berichtet, dass sein umgerüsteter Traktor, der mit einem speziell entwickelten Biokraftstoff betrieben wird, nicht nur den Kraftstoffverbrauch senkte, sondern auch deutlich leiser arbeitet – was zu einem ruhigeren und angenehmeren Arbeitsalltag führt.

FAKT 57 Recycling und Kreislaufwirtschaft – Nachhaltige Nutzung von Traktorbauteilen

Die wachsende Nachfrage nach nachhaltigen Produkten hat auch die Traktorindustrie erreicht. Hersteller setzen vermehrt auf Recycling und Kreislaufwirtschaft, um alte Bauteile wiederzuverwenden und so wertvolle Ressourcen zu schonen. Vom

Recycling von Motorenteilen bis hin zur Wiederverwertung von Kunststoffen – der gesamte Produktionsprozess wird zunehmend auf Nachhaltigkeit ausgerichtet.

Zahlen und Fakten:

- Neueste Studien zeigen, dass durch gezielte Recyclingmaßnahmen bis zu 40 % der Produktionsabfälle reduziert werden können.

Anekdote:

- Ein traditionsreicher Hersteller in Niedersachsen startete ein Pilotprojekt, bei dem gebrauchte Traktormotoren zerlegt, repariert und wieder in den Produktionskreislauf integriert wurden – ein Erfolg, der nicht nur Kosten senkte, sondern auch den ökologischen Fußabdruck erheblich verringerte.

FAKT 58

Emissionsreduzierung – Modernste Technologien zur Verringerung des CO_2-Ausstoßes

Moderne Traktoren werden heute mit innovativen Technologien ausgestattet, die den CO_2-Ausstoß deutlich senken. Fortschrittliche Abgasnachbehandlungssysteme, optimierte Verbrennungsprozesse und der Einsatz emissionsarmer Kraftstoffe tragen maßgeblich dazu bei, die Umweltbelastung zu minimieren. Diese Entwicklungen sind nicht nur aus ökologischer Sicht wichtig, sondern auch im Hinblick auf künftige gesetzliche Vorgaben unverzichtbar.

Zahlen und Fakten:

- Mit modernster Technik konnten bei aktuellen Modellen die Emissionen von Stickoxiden und CO_2 um bis zu 50 % reduziert werden.

Anekdote:

- Ein Landwirt aus der Pfalz berichtet, dass die Umrüstung seines älteren Traktors auf eine moderne Abgasreinigungstechnik zu einer signifikanten Verringerung der Emissionen führte – was von der lokalen Gemeinde sehr positiv aufgenommen wurde.

FAKT 59 Umweltfreundliche Anbaukonzepte – Traktoren im Einklang mit der Biodiversität

Neben technischen Neuerungen spielt auch die Anwendung umweltfreundlicher Anbaukonzepte eine zentrale Rolle. Moderne Traktoren unterstützen präzisere landwirtschaftliche Methoden, die den Einsatz von Düngemitteln und Pestiziden reduzieren. Durch schonende Bodenbearbeitung und gezielte Pflanzenschutzmaßnahmen tragen sie zum Erhalt der Biodiversität bei und fördern eine nachhaltige Landwirtschaft.

Zahlen und Fakten:

- Dank GPS-gesteuerter Systeme können Landwirte den Verbrauch von Düngemitteln um bis zu 20 % senken, was nicht nur ökonomische, sondern auch ökologische Vorteile mit sich bringt.

Anekdote:

- Ein innovativer Betrieb in Schleswig-Holstein berichtet, dass der Einsatz von umweltschonenden Anbaugeräten nicht nur zu stabilen Erträgen führte, sondern auch die Artenvielfalt auf den Feldern förderte – ein entscheidender Faktor für langfristig gesunde Böden.

FAKT 60

Nachhaltigkeitszertifikate – Umweltstandards und ihre Bedeutung in der Landtechnik

Die Einführung von Nachhaltigkeitszertifikaten markiert einen weiteren wichtigen Schritt in Richtung umweltbewusster Landtechnik. Diese Zertifikate belegen, dass ein Traktor oder seine Komponenten nach strengen ökologischen Kriterien gefertigt wurden. Sie dienen als Qualitätsmerkmal, erleichtern den Landwirten die Wahl umweltfreundlicher Maschinen und tragen dazu bei, Transparenz im Produktionsprozess zu schaffen.

Zahlen und Fakten:

- Bereits mehrere führende Hersteller haben Nachhaltigkeitszertifikate eingeführt, und Studien zeigen, dass die Nachfrage nach zertifizierten Produkten kontinuierlich steigt.

Anekdote:

- Ein Landwirt aus Hessen entschied sich bewusst für einen zertifizierten Traktor, da ihm die transparente Darstellung der umweltrelevanten Daten wichtig war – ein Schritt, der ihm nicht nur ein gutes Gefühl, sondern auch langfristige Betriebsvorteile verschaffte.

KAPITEL 13

Digitalisierung und Vernetzung in der Landwirtschaft

Die digitale Revolution hält auch in der Landwirtschaft Einzug und verändert die Arbeitsweise auf den Feldern grundlegend. Moderne Traktoren werden längst nicht mehr nur als reine Zugmaschinen gesehen, sondern als vernetzte, intelligente Helfer, die durch digitale Technologien den landwirtschaftlichen Betrieb optimieren. In diesem Kapitel wird aufgezeigt, wie IoT-Lösungen, Big Data, künstliche Intelligenz und integrierte Farm-Management-Systeme dazu beitragen, die Effizienz, Präzision und Nachhaltigkeit in der Landwirtschaft zu steigern. Gleichzeitig rückt der Schutz digitaler Systeme – die Cyber-Sicherheit – in den Fokus, um die neuen Technologien vor externen Bedrohungen zu schützen. Die folgenden Fakten geben einen detaillierten Einblick in die technologischen Entwicklungen, die Traktoren in smarte, vernetzte Arbeitsgeräte verwandeln.

FAKT 61 IoT in Traktoren – Vernetzte Sensorik und Kommunikation

Durch den Einsatz von Internet-of-Things (IoT)-Technologien werden Traktoren zu datengetriebenen Maschinen, die kontinuierlich Informationen aus der Umgebung und vom eigenen

Zustand sammeln. Sensoren messen Parameter wie Temperatur, Feuchtigkeit, Motordrehzahl und Kraftstoffverbrauch, während die gesammelten Daten in Echtzeit an zentrale Systeme übermittelt werden.

Zahlen und Fakten:

- Studien zeigen, dass der Einsatz von IoT-Systemen die Betriebseffizienz um bis zu 25 % steigern kann, da präzisere Wartungszyklen und optimierte Einsatzpläne möglich werden.

Anekdote:

- Ein Landwirt aus Nordrhein-Westfalen berichtete, dass sein mit IoT ausgestatteter Traktor frühzeitig Unregelmäßigkeiten erkannte – ein einzelner Sensoralarm verhinderte so einen kostspieligen Motorschaden.

FAKT 62 Big Data – Datenanalysen zur Optimierung landwirtschaftlicher Prozesse

Die Fülle an Daten, die durch vernetzte Traktoren generiert werden, ermöglicht es, mithilfe von Big-Data-Analysen präzise Einblicke in betriebliche Abläufe zu gewinnen. Diese Analysen helfen dabei, Muster zu erkennen, Erträge zu maximieren und Ressourcen optimal einzusetzen.

Zahlen und Fakten:

- Durch den gezielten Einsatz von Big Data konnten einige Betriebe ihre Betriebskosten um bis zu 15 % senken, indem sie den Einsatz von Dünger und Wasser besser steuerten.

Anekdote:

- In einem Betrieb in Baden-Württemberg gelang es, mittels Datenanalysen genau den optimalen Zeitpunkt für die Aussaat zu ermitteln, was zu einem signifikanten Ertragsanstieg führte.

FAKT 63 Künstliche Intelligenz – Predictive Maintenance und intelligente Steuerung

Künstliche Intelligenz (KI) revolutioniert die Wartung und Steuerung von Traktoren. Durch Predictive Maintenance, also die vorausschauende Instandhaltung, können potenzielle Probleme erkannt und behoben werden, bevor sie zu Ausfällen führen. Gleichzeitig ermöglichen intelligente Steuerungssysteme eine präzisere Anpassung an die aktuellen Betriebsbedingungen.

Zahlen und Fakten:

- KI-gestützte Systeme haben in Tests die Wartungskosten um bis zu 20 % senken können, indem sie teure Notfalleinsätze vermeiden.

Anekdote:

- Ein Traktorfahrer in Niedersachsen berichtete, dass sein KI-gestützter Traktor regelmäßig automatisch anzeigte, wann der Ölwechsel fällig sei – ein Feature, das zu einer deutlichen Verlängerung der Lebensdauer der Maschine beitrug.

FAKT 64 Vernetzung von Landmaschinen – Integrierte Farm Management Systeme

Die Vernetzung einzelner Maschinen zu einem ganzheitlichen Farm-Management-System erlaubt es, alle betrieblichen Abläufe zentral zu steuern. Diese Systeme integrieren Traktoren, Erntemaschinen und weitere Geräte und ermöglichen so eine koordinierte, effiziente Bewirtschaftung der Felder.

Zahlen und Fakten:

- Betriebe, die auf integrierte Management-Systeme setzen, berichten von einer bis zu 30 % höheren Effizienz bei der Ressourcenplanung und -nutzung.

Anekdote:

- Ein innovativer Betrieb in Bayern setzte ein solches System ein, wodurch er nicht nur den Einsatz von Arbeitskräften optimierte, sondern auch den Ernteertrag durch präzisere Steuerung signifikant steigern konnte.

FAKT 65 Cyber-Sicherheit – Schutz vor digitalen Angriffen in vernetzten Systemen

Mit der zunehmenden Digitalisierung steigt auch das Risiko von Cyber-Angriffen. Hersteller und Betreiber von vernetzten Traktoren legen daher großen Wert auf moderne Sicherheitskonzepte, um Daten und Systeme vor unautorisierten Zugriffen zu schützen. Maßnahmen wie regelmäßige Software-Updates, Verschlüsselungstechnologien und mehrstufige Authentifizierungsprozesse sind mittlerweile integraler Bestandteil der Systemarchitektur.

Zahlen und Fakten:

- Untersuchungen zeigen, dass Betriebe, die in umfassende Cyber-Sicherheitsmaßnahmen investieren, das Risiko von Sicherheitsvorfällen um bis zu 70 % senken können.

Anekdote:

- Ein Landwirt aus Sachsen erlebte, wie ein kleiner Softwarefehler dank eines automatisierten Update-Systems rasch behoben wurde – eine Maßnahme, die das betriebliche Risiko erheblich reduzierte und das Vertrauen in die digitale Technologie stärkte.

KAPITEL 14

Forschung und Entwicklung – Innovationen der Zukunft

Die Traktorbranche befindet sich in einem stetigen Wandel, der durch intensive Forschungs- und Entwicklungsaktivitäten vorangetrieben wird. In diesem Kapitel werfen wir einen Blick auf die wegweisenden Projekte und Strategien, die die Traktoren der nächsten Generation formen. Dabei stehen nicht nur etablierte Hersteller, sondern auch Kooperationen zwischen Industrie, Universitäten und innovativen Start-ups im Fokus. Von Laborprototypen über virtuelle Simulationen bis hin zu internationalen Forschungskooperationen – all diese Ansätze tragen dazu bei, die Effizienz, Sicherheit und Nachhaltigkeit der Landtechnik kontinuierlich zu verbessern.

FAKT 66 Prototypen und Testreihen – Laborexperimente und Pilotprojekte

Innovative Technologien beginnen oft als Prototypen im Labor. In diesem Stadium werden neue Antriebssysteme, Steuerungstechnologien und Materialkonzepte unter kontrollierten Bedingungen getestet, um ihre Praxistauglichkeit zu bewerten.

Pilotprojekte auf ausgewählten landwirtschaftlichen Betrieben helfen anschließend dabei, die Erkenntnisse aus dem Labor in die Realität zu übertragen.

Zahlen und Fakten:

- Erste Prototypen neuer Traktorentechnologien haben in Testreihen bereits eine Effizienzsteigerung von bis zu 15 % gezeigt.

Anekdote:

- In einem Pilotprojekt in der Nähe von Hannover wurde ein experimenteller Traktor unter realen Betriebsbedingungen erprobt – das daraus gewonnene Feedback führte zur schnellen Optimierung des Antriebssystems.

FAKT 67

Universitätskooperationen – Wissenschaftliche Forschung in der Traktorentechnologie

Universitäten und Forschungseinrichtungen spielen eine zentrale Rolle bei der Entwicklung neuer Technologien für die Traktorindustrie. Durch enge Kooperationen zwischen akademischen Institutionen und Herstellern werden Grundlagenforschung und angewandte Technologieentwicklung miteinander verknüpft. Dies führt zu innovativen Lösungen, die oft weit über den Stand der Technik hinausgehen.

Zahlen und Fakten:

- Zahlreiche Projekte, die in Zusammenarbeit mit Universitäten entstanden sind, haben bereits zu messbaren Verbesserungen in Bereichen wie Energieeffizienz und Emissionsreduktion geführt.

Anekdote:

- Ein interdisziplinäres Forschungsteam aus Bayern konnte durch den Einsatz neuer Materialwissenschaften das Gewicht eines Traktors um mehrere Prozent senken, ohne dabei die Stabilität zu beeinträchtigen – ein Erfolg, der als wegweisend für zukünftige Entwicklungen gilt.

FAKT 68 Start-up-Innovationen – Junge Unternehmen und ihre disruptiven Ideen

Neben den etablierten Herstellern drängen auch junge Unternehmen mit frischen Ideen in den Markt vor. Diese Start-ups entwickeln oft unkonventionelle Lösungen, die den traditionellen Traktorbetrieb revolutionieren können. Von neuartigen Sensoriksystemen bis hin zu vollständig autonomen Antriebstechnologien – ihre disruptiven Ansätze bringen frischen Wind in die Branche.

Zahlen und Fakten:

- In den letzten Jahren konnten mehrere Start-ups durch ihre innovativen Konzepte Investitionen in Millionenhöhe anziehen und haben damit den Weg für die nächste Generation an Traktorentechnologien geebnet.

Anekdote:

- Ein junges Unternehmen aus dem Raum Stuttgart entwickelte eine bahnbrechende Lösung für die automatische Anpassung von Arbeitsparametern, die bereits in mehreren Testfeldern zu einer erheblichen Steigerung der Ernteerträge geführt hat.

FAKT 69 Virtual Reality & Simulation – Digitale Werkzeuge in der Entwicklung

Die Nutzung von Virtual Reality (VR) und Simulationstechnologien revolutioniert den Entwicklungsprozess in der Traktorindustrie. Durch digitale Zwillinge und virtuelle Prototypen können Hersteller bereits in der Entwurfsphase verschiedene Szenarien durchspielen, Fehler identifizieren und Optimierungspotenziale erschließen – noch bevor physische Modelle gebaut werden.

Zahlen und Fakten:

- Der Einsatz von Simulationstechnologien verkürzt Entwicklungszyklen um bis zu 30 % und reduziert Kosten signifikant.

Anekdote:

- Ein führender Hersteller berichtete, dass durch den Einsatz von VR-gestützten Simulationen bereits frühzeitig potenzielle Sicherheitsrisiken erkannt und behoben werden konnten, was den späteren Produktionsprozess deutlich reibungsloser gestaltete.

FAKT 70 Internationale Forschungsprojekte – Förderprogramme und globale Kooperationen

Die Herausforderungen der modernen Landwirtschaft kennen keine nationalen Grenzen. Internationale Forschungsprojekte bündeln deshalb das Know-how aus verschiedenen Ländern, um globale Lösungen für die Traktorentechnologie zu entwickeln. Förderprogramme und grenzüberschreitende Kooperationen ermöglichen den Austausch von Innovationen, der zu bahnbrechenden technologischen Fortschritten führt.

Zahlen und Fakten:

- Mehrere internationale Förderprogramme haben bereits Projekte mit einem Gesamtvolumen von über 100 Millionen Euro unterstützt, die sich mit den Themen Energieeffizienz, autonomes Fahren und nachhaltige Materialentwicklung beschäftigen.

Anekdote:

- Ein europäisches Forschungsverbundprojekt, an dem Hersteller, Universitäten und Start-ups aus fünf verschiedenen Ländern beteiligt waren, entwickelte ein innovatives Konzept für einen emissionsfreien, autonomen Traktor – ein Meilenstein, der als wegweisend für zukünftige grenzüberschreitende Entwicklungen gilt.

KAPITEL 15

Wirtschaftliche Aspekte und Marktdynamik

Die Traktorbranche unterliegt stetigen wirtschaftlichen Veränderungen, die von globalen Markttrends bis hin zu regionalen Besonderheiten reichen. Dieses Kapitel beleuchtet die wirtschaftlichen Rahmenbedingungen und die Dynamik in der Landtechnik. Dabei wird nicht nur der globale Marktanteil der wichtigsten Hersteller analysiert, sondern auch der Einfluss von Preisentwicklungen und Auktionen – bei denen auch Oldtimer als begehrte Investmentobjekte gelten – sowie die Bedeutung von Export und Import. Darüber hinaus stehen moderne Finanzierungsmodelle wie Leasing und Kredite im Fokus, die den Zugang zu moderner Traktortechnologie erleichtern, und die wirtschaftlichen Herausforderungen, die sowohl Chancen als auch Risiken für die Branche darstellen.

FAKT 71 Globale Marktanteile – Trends und Entwicklungen im Traktormarkt

Der internationale Markt für Traktoren ist von einer hohen Dynamik geprägt. Große Hersteller dominieren in verschiedenen Regionen, während lokale Anbieter oft maßgeschneiderte

Lösungen für spezifische Bedürfnisse entwickeln. Marktforschungsstudien zeigen, dass sich globale Marktanteile kontinuierlich verschieben, getrieben durch technologische Innovationen und veränderte Nachfrage in den Agrarsektoren unterschiedlicher Länder.

Zahlen und Fakten:

- Schätzungen zufolge halten die führenden Hersteller heute zusammen einen globalen Marktanteil von über 60 %, wobei regionale Unterschiede besonders in Schwellenländern deutlich werden.

Anekdote:

- Ein Branchenanalyst berichtet, dass ein plötzlicher Anstieg der Nachfrage in Südostasien den Marktanteil eines etablierten Herstellers innerhalb weniger Jahre um mehrere Prozentpunkte wachsen ließ – ein klares Indiz für den Wandel in globalen Agrarmärkten.

FAKT 72 Preisentwicklung und Auktionen – Oldtimer als Investmentobjekte

Neben modernen Landmaschinen haben historische Traktoren zunehmend auch einen wirtschaftlichen Wert erlangt. Oldtimer werden in spezialisierten Auktionen zu Rekordpreisen versteigert und entwickeln sich zu begehrten Sammlerobjekten, die nicht nur nostalgischen Charme besitzen, sondern auch als renditestarke Investments gelten.

Zahlen und Fakten:

- Bei Auktionen konnten einige Oldtimer-Traktoren Preise erzielen, die im Vergleich zu ihrem ursprünglichen Neupreis um ein

Vielfaches gestiegen sind – in Einzelfällen erreichten die Verkaufserlöse über 1 Million US-Dollar.

Anekdote:

- Ein Sammler aus Bayern erinnerte sich an den Kauf eines historischen Traktors, der anfangs als reines Hobby begann, sich aber aufgrund der hohen Wertsteigerung schnell zu einem lukrativen Investment entwickelte.

FAKT 73 Export und Import – Handelsströme in der internationalen Landtechnik

Der internationale Handel mit Traktoren und Landtechnikprodukten spielt eine entscheidende Rolle bei der Marktdynamik. Länder mit hoher Produktionskapazität exportieren ihre innovativen Maschinen in Regionen, in denen der mechanisierte Landbau noch in den Kinderschuhen steckt. Gleichzeitig sorgt der Import moderner Technologien für einen Know-how-Transfer und fördert die Globalisierung der Agrartechnik.

Zahlen und Fakten:

- Exportvolumina von führenden Herstellern haben in den letzten Jahren um durchschnittlich 10–15 % zugelegt, während Importzahlen in einigen Schwellenländern signifikant ansteigen.

Anekdote:

- Ein Hersteller aus den USA berichtet, dass der erfolgreiche Export eines neuen Traktor-Modells nach Indien den Einstieg in den dortigen Markt ermöglichte und zu langfristigen Verträgen mit lokalen Händlern führte.

FAKT 74 Finanzierungsmodelle – Leasing, Kredite und neue Geschäftsmodelle

Um den Zugang zu moderner Traktortechnologie zu erleichtern, spielen flexible Finanzierungsmodelle eine immer größere Rolle. Neben klassischen Krediten und Leasing-Verträgen gewinnen auch innovative Geschäftsmodelle an Bedeutung, die sowohl kleinen Familienbetrieben als auch großen Agrarunternehmen den Erwerb oder die Miete moderner Maschinen ermöglichen.

Zahlen und Fakten:

- Untersuchungen zeigen, dass durch den vermehrten Einsatz von Leasingmodellen der Erstanschaffungspreis um bis zu 20 % reduziert werden kann, was insbesondere für kleinere Betriebe attraktiv ist.

Anekdote:

- Ein Landwirt aus der Pfalz berichtet, dass ihm ein neu eingeführtes Leasingmodell den Kauf eines Hightech-Traktors ermöglichte, ohne dass er hohe Investitionskosten aufbringen musste – ein Modell, das sich inzwischen in der gesamten Region großer Beliebtheit erfreut.

FAKT 75 Wirtschaftliche Herausforderungen – Chancen und Risiken in der Branche

Die Traktorbranche steht vor vielfältigen wirtschaftlichen Herausforderungen, die von steigenden Rohstoffpreisen über geopolitische Spannungen bis hin zu globalen Handelskonflikten reichen. Gleichzeitig bieten technologische Innovationen und neue Marktsegmente – wie der Boom in Schwellenländern – enorme Chancen, die die Branche zukunftsfähig machen können.

Zahlen und Fakten:

- Wirtschaftliche Analysen deuten darauf hin, dass die Branche in Zeiten wirtschaftlicher Unsicherheiten flexibel agieren muss, um kurzfristige Krisen zu überstehen und langfristig zu wachsen.

Anekdote:

- Ein Branchenexperte schildert, wie ein Hersteller in einer Krisenphase gezielt auf innovative Technologien setzte und dadurch nicht nur Markteinbußen ausgleichen, sondern auch neue Märkte erschließen konnte – ein Beispiel für den erfolgreichen Umgang mit wirtschaftlichen Herausforderungen.

KAPITEL 16

Regionale Besonderheiten und Traktor-Kulturen

Traktoren sind nicht nur technische Arbeitsmaschinen, sondern auch kulturelle Ikonen, die sich in unterschiedlichen Regionen der Welt ganz individuell manifestieren. In diesem Kapitel werden regionale Unterschiede und kulturelle Eigenheiten im Traktorgebrauch dargestellt. Traditionen, Festivals und Förderprogramme prägen die Nutzung und den Erhalt dieser Maschinen und verleihen ihnen einen besonderen Stellenwert – von den historischen Traktortraditionen in Europa bis hin zu innovativen Lösungen in Asien und Afrika. Dabei spiegeln sich lokale Bedürfnisse, Traditionen und staatliche sowie private Unterstützungsmaßnahmen wider, die den regionalen Charakter und die kulturelle Bedeutung der Traktoren eindrucksvoll unterstreichen.

FAKT 76 Europäische Traktortraditionen – Vielfalt und Regionalität

Europa ist geprägt von einer langen Geschichte der Landtechnik, in der Traktoren eine zentrale Rolle spielen. Unterschiedliche Regionen haben ihre eigenen Traditionen entwickelt, die nicht nur den technischen Fortschritt widerspiegeln, sondern auch das kulturelle Erbe bewahren.

Zahlen und Fakten:

- In vielen europäischen Ländern existieren seit Jahrzehnten regional organisierte Traktor-Events und Oldtimer-Treffen, die regelmäßig tausende Besucher anziehen.

Anekdote:

- In ländlichen Regionen Deutschlands wird der jährliche „Traktor-Tag“ als Fest des Brauchtums gefeiert, bei dem historische Modelle neben modernen Maschinen präsentiert und traditionsreiche Arbeitsweisen gewürdigt werden.

FAKT 77

Innovationen in Asien und Afrika – Anpassung an lokale Bedürfnisse

In Asien und Afrika zeigen sich ganz andere Ansprüche an Traktoren, die oft auf kleinere Betriebe und spezifische klimatische Bedingungen zugeschnitten sind. Hier dominieren kompakte, wendige Modelle, die speziell für enge Felder und unterschiedliche Bodenverhältnisse entwickelt wurden.

Zahlen und Fakten:

- In vielen asiatischen Ländern werden Traktoren in kleineren Serien produziert, um den Bedarf von Familienbetrieben zu decken – oft mit Preisen, die den lokalen Märkten angepasst sind.

Anekdote:

- Ein Landwirt in Indien erzählt, dass der Einsatz eines speziell für tropische Klimazonen entwickelten Traktors nicht nur die

Arbeitsabläufe optimierte, sondern auch dazu beitrug, die Ernteerträge nachhaltig zu steigern.

FAKT 78 Lokale Festivals – Feste und Veranstaltungen rund um Traktoren

Feste und Veranstaltungen, die Traktoren in den Mittelpunkt stellen, sind in vielen Regionen fester Bestandteil des kulturellen Lebens. Diese Festivals bieten eine Plattform, um historische Maschinen zu präsentieren, Erfahrungen auszutauschen und die Verbundenheit zur Landtechnik zu feiern.

Zahlen und Fakten:

- In Europa und Nordamerika finden jährlich hunderte solcher Events statt, die oft regionale Traditionen und moderne Innovationen miteinander verbinden.

Anekdote:

- Auf einem traditionsreichen Traktor-Festival in Südfrankreich erzählte ein langjähriger Traktorliebhaber, wie er als Kind von den beeindruckend restaurierten Oldtimern fasziniert war – ein Erlebnis, das ihn bis heute prägt und seine Leidenschaft für die Landtechnik entfacht hat.

FAKT 79 Historische Entwicklungen – Regionale Meilensteine in der Landtechnik

Jede Region hat ihre eigenen Meilensteine in der Entwicklung der Landtechnik zu verzeichnen. Historische Entwicklungen und Pionierleistungen im Traktorbau sind oft eng mit den lokalen Gegebenheiten verknüpft und haben bis heute Einfluss auf die regionale Identität und den technischen Fortschritt.

Zahlen und Fakten:

- Zahlreiche regionale Hersteller haben mit ihren innovativen Ansätzen den Weg für die moderne Traktorentechnologie geebnet – oft in kleinen Werkstätten, die zu wahren Institutionen in der lokalen Landwirtschaft wurden.

Anekdote:

- Ein kleines Museum in der Schweiz bewahrt Originalmodelle eines lokalen Herstellers, dessen Entwicklungen in den 1950er Jahren die Effizienz der Feldarbeit revolutionierten – ein Erbe, das bis heute in der Region hoch geschätzt wird.

FAKT 80

Regionale Förderprogramme – Staatliche und private Unterstützungsmaßnahmen

Um die regionale Entwicklung in der Landwirtschaft zu fördern, gibt es zahlreiche staatliche und private Förderprogramme. Diese unterstützen sowohl den Erwerb moderner Maschinen als auch die Restaurierung historischer Modelle und tragen dazu bei, den technischen Fortschritt und das kulturelle Erbe in Einklang zu bringen.

Zahlen und Fakten:

- In vielen europäischen Ländern belaufen sich die Fördermittel für moderne Agrartechnik auf mehrere Millionen Euro, während spezielle Programme auch den Erhalt von Oldtimern subventionieren.

Anekdote:

- Ein Landwirt aus Österreich berichtete, dass ihm ein regionales Förderprogramm den Umstieg auf einen emissionsarmen Traktor erleichterte – ein Schritt, der nicht nur ökonomische Vorteile brachte, sondern auch die regionale Nachhaltigkeitsstrategie unterstützte.

KAPITEL 17

Sportliche Herausforderungen – Traktor-Rallyes und Wettbewerbe

Traktoren sind weit mehr als reine Arbeitsmaschinen – sie haben sich auch in den sportlichen Bereich gewagt und faszinieren durch außergewöhnliche Wettbewerbe und Rekordversuche. In diesem Kapitel beleuchten wir die sportlichen Aspekte des Traktorensegments, von historischen Rallyes über spektakuläre Rekordfahrten bis hin zu internationalen Wettbewerben und speziellen Wettkampfdisziplinen. Neben der Leidenschaft für Geschwindigkeit und Präzision wird auch der wirtschaftliche Effekt solcher Events, etwa in Form von Sponsoring und Marketing, thematisiert.

FAKT 81 Geschichte der Traktor-Rallyes – Ursprung und Entwicklung

Traktor-Rallyes haben sich über Jahrzehnte hinweg zu einem beliebten Motorsport-Format entwickelt. Ursprünglich entstanden als regionale Feste, bei denen historische Maschinen präsentiert und auf ihre Leistungsfähigkeit getestet wurden, haben sich diese Wettbewerbe zu professionellen Events mit internationaler Beteiligung entwickelt.

Zahlen und Fakten:

- Die ersten dokumentierten Traktor-Rallyes datieren aus den 1960er Jahren, und heute werden weltweit hunderte solcher Events veranstaltet.

Anekdote:

- Ein langjähriger Veranstalter berichtet, dass ein lokaler Traktor-Rallye in den 1970er Jahren so populär wurde, dass innerhalb eines Tages Tausende von Zuschauern die Veranstaltung besuchten – ein Meilenstein, der den Grundstein für die heutige Popularität legte.

FAKT 82

Rekordversuche – Höchstgeschwindigkeiten und Leistungsdaten

Auch wenn Traktoren primär für schwere landwirtschaftliche Aufgaben konzipiert sind, haben einige Modelle im sportlichen Bereich erstaunliche Rekorde aufgestellt. Höchstgeschwindigkeiten und außergewöhnliche Leistungsdaten werden modifiziert und in speziellen Rekordversuchen gemessen, die oft über die Grenzen des Vorstellbaren hinausgehen.

Zahlen und Fakten:

- Einige modifizierte Traktoren erreichten bei Rekordversuchen Geschwindigkeiten von über 200 km/h – ein beeindruckender Wert, der den Sportbegeisterten in Erinnerung bleibt.

Anekdote:

- Bei einem internationalen Rekordversuch wurde ein speziell angepasster Traktor, der von einem renommierten TV-Moderator gesteuert wurde, zum Symbol des Mutes und der technischen Innovation – ein Event, das noch heute in der Traktorenszene legendär ist.

FAKT 83 Internationale Wettbewerbe – Vergleich verschiedener Events weltweit

Traktor-Wettbewerbe finden auf globaler Ebene statt und bieten einen spannenden Vergleich unterschiedlicher Disziplinen und regionaler Besonderheiten. Während in Europa und Nordamerika klassische Rallyes dominieren, setzen Veranstalter in anderen Teilen der Welt auf einzigartige Formate, die lokale Traditionen mit moderner Technik verbinden.

Zahlen und Fakten:

- Internationale Events ziehen regelmäßig Zehntausende von Zuschauern an und bieten Plattformen für den Vergleich von Leistung, Technik und Design verschiedener Hersteller.

Anekdote:

- Auf einem globalen Traktor-Event in Südamerika konnte ein Teilnehmer beweisen, dass auch unter schwierigen klimatischen Bedingungen und herausforderndem Terrain rekordverdächtige Leistungen möglich sind – ein Beweis für die Vielseitigkeit und Anpassungsfähigkeit der Technik.

FAKT 84 Besondere Wettkampfdisziplinen – Geschicklichkeitsparcours und Dauerläufe

Neben reinen Geschwindigkeitsrekorden erfreuen sich auch Wettkampfdisziplinen großer Beliebtheit, die Geschicklichkeit und Ausdauer erfordern. Geschicklichkeitsparcours, bei denen Traktoren enge Kurven und Hindernisse meistern müssen, sowie Dauerläufe, die über viele Stunden hinweg die Zuverlässigkeit der Maschinen testen, gehören zu den Highlights solcher Veranstaltungen.

Zahlen und Fakten:

- Bei Geschicklichkeitsparcours werden oft Zeiten im Bereich von wenigen Minuten erzielt, während Dauerläufe über 24 Stunden andauern können – eine echte Herausforderung für Mensch und Maschine.

Anekdote:

- Ein Teilnehmer eines Dauerlaufs berichtete, dass er und sein Traktor nach 18 Stunden ununterbrochenem Einsatz von der Anstrengung erschöpft waren, aber gleichzeitig ein Gefühl der unermesslichen Zufriedenheit verspürten, als sie das Ziel endlich erreichten.

FAKT 85 Wirtschaftliche Effekte – Sponsoring, Zuschauerzahlen und Marketing

Die sportlichen Wettbewerbe im Traktorensegment haben auch erhebliche wirtschaftliche Auswirkungen. Sponsoren, die sich an diesen Events beteiligen, profitieren von hoher Sichtbarkeit und einer begeisterten Zielgruppe. Zudem bieten diese

Veranstaltungen Marketingchancen für Hersteller und Dienstleister, die ihre Innovationen und Markenidentität präsentieren möchten.

Zahlen und Fakten:

- Bei großen Traktor-Rallyes können Sponsoring-Einnahmen mehrere Millionen Euro erreichen, während Zuschauerzahlen häufig im fünfstelligen Bereich liegen – ein wirtschaftlicher Faktor, der den Sport weiter vorantreibt.

Anekdote:

- Ein Hersteller berichtet, dass die Teilnahme an einem international übertragenen Traktor-Rennen nicht nur den Absatz neuer Modelle förderte, sondern auch das Image des Unternehmens als innovativer und sportbegeisterter Partner in der Landtechnik nachhaltig stärkte.

KAPITEL 18

Moderne Antriebstechnologien und Hybridlösungen

Die Traktorbranche erlebt derzeit einen tiefgreifenden Wandel im Bereich der Antriebstechnologien. Traditionelle Dieselmotoren weichen zunehmend hybriden und alternativen Energiekonzepten, die neue Effizienzpotenziale eröffnen und den CO_2-Ausstoß reduzieren. In diesem Kapitel werden die neuesten Entwicklungen vorgestellt, die von der Kombination aus Diesel- und Elektroantrieb über fortschrittliche Batterietechnologien bis hin zu Wasserstoff- und vollständig elektrischen Antrieben reichen. Diese Innovationen sind nicht nur ein technischer Fortschritt, sondern auch ein wichtiger Schritt hin zu einer nachhaltigeren und ressourcenschonenderen Landwirtschaft.

FAKT 86 Hybrid-Traktoren – Kombination von Diesel und Elektroantrieb

Hybrid-Traktoren verbinden die Vorteile herkömmlicher Dieselmotoren mit den Effizienzvorteilen elektrischer Antriebe. Durch den Einsatz beider Technologien können die Maschinen in unterschiedlichen Betriebszuständen optimal arbeiten – etwa im

Teillastbereich, wo der Elektromotor besonders effizient agiert, oder bei hohen Belastungen, wo der Dieselmotor seine volle Leistung entfalten kann.

Zahlen und Fakten:

- Studien zeigen, dass Hybridantriebe den Kraftstoffverbrauch um bis zu 25 % senken können, während gleichzeitig die Betriebseffizienz gesteigert wird.

Anekdote:

- Ein Landwirt in Nordrhein-Westfalen berichtete, dass sein neu eingeführter Hybrid-Traktor bei wechselnden Feldbedingungen nicht nur kraftstoffsparender arbeitete, sondern auch eine spürbar leisere Betriebsweise aufwies – ein Vorteil, der insbesondere bei Arbeiten in der Nähe von Wohngebieten geschätzt wird.

FAKT 87 Batterietechnologien – Fortschritte und Herausforderungen moderner Energiespeicher

Der Schlüssel zu vollständig elektrischen und hybriden Antriebssystemen liegt in der Weiterentwicklung moderner Batterietechnologien. Neue Energiespeicher bieten höhere Energiedichten, schnellere Ladezeiten und eine längere Lebensdauer, was sie zu einem entscheidenden Faktor für den zukünftigen Traktoreinsatz macht. Gleichzeitig gilt es, Herausforderungen wie Temperaturstabilität und Recycling der Batterien zu meistern.

Zahlen und Fakten:

- Aktuelle Batterietechnologien erreichen Energiedichten von bis zu 250 Wh/kg, was bereits einen signifikanten Fortschritt gegenüber älteren Systemen darstellt.

Anekdote:

- Ein Entwicklungsingenieur eines führenden Herstellers erzählte, dass die Einführung eines neuartigen Lithium-Ionen-Akkus in einem Pilotprojekt nicht nur die Reichweite des Traktors um 15 % erhöhte, sondern auch den Wartungsaufwand deutlich senkte – ein Erfolg, der den Weg für den breiteren Einsatz moderner Batterietechnologien ebnet.

FAKT 88 Wasserstoff und alternative Energien – Neue Kraftstoffe im Test

Neben elektrischen Lösungen wird auch Wasserstoff als vielversprechender alternativer Energieträger für Traktoren erforscht. Wasserstoffbetriebene Traktoren nutzen Brennstoffzellen, um elektrische Energie zu erzeugen – ein Konzept, das nahezu emissionsfrei arbeitet und die Betriebszeit durch schnelles Betanken verlängern kann.

Zahlen und Fakten:

- Erste Testmodelle mit Wasserstoffantrieb konnten den CO_2-Ausstoß um nahezu 100 % eliminieren und bieten Betankungszeiten, die mit herkömmlichen Dieselfahrzeugen vergleichbar sind.

Anekdote:

- In einem internationalen Testprogramm berichtete ein Hersteller, dass ein wasserstoffbetriebener Traktor nicht nur beeindruckende Leistung zeigte, sondern auch von Landwirten positiv aufgenommen wurde, da er im Vergleich zu Dieselmodellen kaum störende Geräusche erzeugte und somit eine ruhigere Arbeitsumgebung schuf.

FAKT 89 Effizienzsteigerung – Vergleich traditioneller und hybrider Antriebe

Der Vergleich zwischen traditionellen Dieselmotoren und modernen hybriden Antriebssystemen zeigt deutliche Effizienzvorteile. Hybride Systeme ermöglichen eine dynamische Anpassung an unterschiedliche Arbeitsbedingungen, was zu einer optimalen Energienutzung und niedrigeren Betriebskosten führt.

Zahlen und Fakten:

- Feldversuche haben ergeben, dass der Umstieg auf hybride Systeme den Kraftstoffverbrauch in bestimmten Anwendungen um bis zu 20 % reduzieren kann – ein entscheidender Vorteil in Zeiten steigender Energiekosten.

Anekdote:

- Ein Landwirt aus Süddeutschland berichtete, dass der Wechsel zu einem hybriden Antriebssystem nicht nur die Betriebskosten senkte, sondern auch den Verschleiß am Motor deutlich verringerte – ein Effekt, der sich langfristig in geringeren Wartungskosten niederschlägt.

FAKT 90 Fully elektrische Traktoren – Visionen und erste Modelle

Die Vision eines vollständig elektrischen Traktors rückt dank innovativer Entwicklungen immer näher. Erste Modelle, die ausschließlich auf Batteriebetrieb setzen, werden bereits erprobt und zeigen, dass eine emissionsfreie Landwirtschaft möglich ist. Diese Traktoren bieten das Potenzial, den Lärmpegel zu senken und gleichzeitig den Energieverbrauch weiter zu optimieren – ein Meilenstein in der Transformation der Landtechnik.

Zahlen und Fakten:

- Erste elektrische Traktoren erreichen eine Reichweite von bis zu 100 Kilometern im Teillastbetrieb und sind für den Einsatz in spezifischen Anwendungsbereichen wie Gewächshäusern oder kleineren Betrieben optimiert.

Anekdote:

- Ein Vorreiter in der Region berichtete, dass der Einsatz eines vollelektrischen Traktors in seinem Betrieb nicht nur den CO_2-Ausstoß eliminiert, sondern auch das Betriebsklima durch den nahezu geräuschlosen Betrieb revolutioniert hat – ein Fortschritt, der als wegweisend für die Zukunft der Landwirtschaft angesehen wird.

KAPITEL 19

Innovative Anbau- und Arbeitsgeräte für Traktoren

Traktoren sind längst nicht mehr nur kraftvolle Zugmaschinen, sondern Plattformen für vielfältige Zusatztechnologien, die den Arbeitsalltag in der Landwirtschaft revolutionieren. In diesem Kapitel beleuchten wir die neuesten Entwicklungen bei Anbaugeräten und ergänzenden Technologien, die Traktoren noch vielseitiger und effizienter machen. Im Fokus stehen dabei die Automatisierung, die präzise Steuerung und die modulare Erweiterbarkeit – Elemente, die es ermöglichen, den Traktoreinsatz individuell an die Bedürfnisse moderner Landwirtschaft anzupassen.

FAKT 91 Intelligente Anbaugeräte – Automatisierte Pflüge, Sämaschinen und mehr

Innovative Anbaugeräte rüsten Traktoren zu smarten Helfern aus. Durch den Einsatz automatisierter Pflüge, Sämaschinen und Erntesysteme wird der landwirtschaftliche Arbeitsprozess nicht nur beschleunigt, sondern auch wesentlich präziser gestaltet. Diese Geräte sind in der Lage, eigenständig zu arbeiten, Daten auszuwerten und sich optimal an die aktuellen Feldbedingungen anzupassen.

Zahlen und Fakten:

- Moderne automatisierte Anbaugeräte können den Ernteprozess um bis zu 20 % effizienter gestalten und den Einsatz von Betriebsmitteln wie Dünger und Saatgut präziser dosieren.

Anekdote:

- Ein Landwirt in Niedersachsen berichtete, dass sein neu angeschaffter, automatisierter Sämaschine-Traktor die Aussaatzeiten halbierte und gleichzeitig die Genauigkeit der Saatgutverteilung deutlich verbesserte – ein Gewinn, der sich schnell in höheren Erträgen widerspiegelte.

FAKT 92 Robotik in der Landwirtschaft – Ergänzende Systeme und Drohneneinsatz

Die Integration von Robotik in die Landwirtschaft eröffnet völlig neue Perspektiven. Neben autonomen Traktoren kommen ergänzende Roboter und Drohnen zum Einsatz, die Aufgaben wie die Überwachung von Pflanzen, das präzise Ausbringen von Pflanzenschutzmitteln oder das Ernten von Obst und Gemüse übernehmen.

Zahlen und Fakten:

- Erste robotische Systeme in der Landwirtschaft konnten den Arbeitsaufwand um bis zu 15 % senken, indem sie repetitive Aufgaben autonom erledigten.

Anekdote:

- In einem innovativen Versuch in Bayern wurde ein Drohnensystem eingesetzt, das den Gesundheitszustand der Felder in Echtzeit überwachte – ein System, das Landwirten ermöglichte, gezielt und schnell auf Schädlinge zu reagieren.

FAKT 93 Präzisionssteuerung – Fernüberwachung und automatische Anpassung der Geräte

Präzisionssteuerungssysteme ermöglichen es, Anbaugeräte und Traktoren zentral und in Echtzeit zu überwachen. Diese Systeme passen automatisch Parameter wie Geschwindigkeit, Tiefe und Druck an die aktuellen Gegebenheiten an und sorgen so für eine optimale Feldbearbeitung.

Zahlen und Fakten:

- Mit Hilfe von Präzisionssteuerung konnten einige Betriebe ihren Ressourceneinsatz um bis zu 20 % senken und gleichzeitig die Erntequalität verbessern.

Anekdote:

- Ein Betrieb in der Pfalz implementierte ein Fernüberwachungssystem, das es ihm ermöglichte, alle Anbaugeräte aus dem Büro zu steuern – ein innovativer Schritt, der nicht nur die Effizienz steigerte, sondern auch die Arbeitsbelastung vor Ort erheblich verringerte.

FAKT 94 Gerätemanagement – Innovative Softwarelösungen für den Gerätebetrieb

Zur optimalen Nutzung der Vielzahl an Anbaugeräten sind moderne Softwarelösungen unerlässlich. Diese Systeme koordinieren den Betrieb der verschiedenen Geräte, überwachen deren Zustand und ermöglichen eine vorausschauende Wartung. So wird sichergestellt, dass alle Komponenten stets betriebsbereit und optimal aufeinander abgestimmt sind.

Zahlen und Fakten:

- Unternehmen, die auf integrierte Gerätemanagement-Systeme setzen, berichten von einer Reduktion der Wartungskosten um bis zu 15 % sowie einer signifikanten Erhöhung der Maschinenverfügbarkeit.

Anekdote:

- Ein innovativer Traktorhersteller aus Süddeutschland stellte fest, dass durch die Implementierung einer intelligenten Gerätemanagement-Software der Ausfallzeiten seiner Flotte deutlich reduziert wurden – ein Erfolg, der auch die Zufriedenheit der Kunden steigerte.

FAKT 95 Modulare Systeme – Flexibilität und individuelle Anpassbarkeit von Traktorkonfigurationen

Modulare Systeme ermöglichen es, Traktoren individuell und bedarfsgerecht auszustatten. Ob für spezielle Anbauaufgaben oder für den saisonalen Einsatz – modulare Konzepte erlauben einen schnellen und unkomplizierten Wechsel von Zusatzgeräten und -systemen. Diese Flexibilität sorgt dafür, dass Traktoren stets optimal an die aktuellen Anforderungen angepasst werden können.

Zahlen und Fakten:

- Modular konstruierte Systeme können die Anpassungsfähigkeit eines Traktors um bis zu 30 % erhöhen und gleichzeitig die Investitionskosten durch standardisierte Komponenten senken.

Anekdote:

- Ein Landwirt aus Bayern berichtete, dass ihm die modulare Bauweise seines Traktors ermöglichte, innerhalb weniger Stunden von einer Erntemaschine auf einen Pflug umzurüsten – ein flexibler Ansatz, der ihm half, schnell auf wechselnde saisonale Anforderungen zu reagieren.

KAPITEL 20

Zukunftsvisionen und globale Trends in der Traktorbranche

Dieses abschließende Kapitel richtet den Blick in die Zukunft der Traktorwelt. Es fasst aktuelle Marktprognosen, technologische Durchbrüche und regulatorische Rahmenbedingungen zusammen, die die Branche in den kommenden Jahrzehnten prägen werden. Während nachhaltige Landwirtschaft und Digitalisierung zunehmend an Bedeutung gewinnen, eröffnen autonome Systeme, künstliche Intelligenz und vernetzte Lösungen völlig neue Perspektiven für die Landtechnik. Gleichzeitig beeinflussen politische Entscheidungen und gesetzliche Vorgaben maßgeblich die strategische Ausrichtung der Hersteller. Die folgenden Fakten bieten einen umfassenden Überblick über die Visionen und Trends, die den Traktormarkt der Zukunft gestalten werden.

FAKT 96 Marktprognosen – Zahlen, Trends und Zukunftsaussichten

Marktanalyse und Prognosen deuten darauf hin, dass der globale Traktormarkt in den nächsten Jahrzehnten ein kontinuierliches Wachstum verzeichnen wird. Technologische Innovationen, veränderte landwirtschaftliche Anforderungen und ein zunehmendes Bewusstsein für Nachhaltigkeit treiben diesen Wandel voran.

Zahlen und Fakten:

- Prognosen gehen davon aus, dass der weltweite Markt für Landtechnik in den kommenden zehn Jahren um durchschnittlich 4–6 % jährlich wachsen wird, wobei insbesondere Schwellenländer stark expandieren.

Anekdote:

- Ein Branchenanalyst berichtet, dass innovative Geschäftsmodelle und flexible Finanzierungsmodelle – etwa durch Leasing – bereits dazu beigetragen haben, dass kleinere Betriebe schneller auf moderne Technologien umsteigen können, was als bedeutender Wachstumsmotor für die gesamte Branche gilt.

FAKT 97

Nachhaltige Landwirtschaft – Integration moderner Traktoren in Umweltkonzepte

Die steigenden Anforderungen an den Umweltschutz und die Ressourcenschonung führen zu einem Paradigmenwechsel in der Landwirtschaft. Moderne Traktoren werden zunehmend in umfassende Umwelt- und Nachhaltigkeitskonzepte integriert, um eine ressourcenschonende und zugleich ertragreiche Bewirtschaftung zu ermöglichen.

Zahlen und Fakten:

- Untersuchungen zeigen, dass der gezielte Einsatz von Präzisionslandwirtschaft und modernen Traktoren den Verbrauch von Düngemitteln und Wasser um bis zu 20 % reduzieren kann, was sowohl ökonomische als auch ökologische Vorteile bietet.

Anekdote:

- Ein innovativer Agrarbetrieb in Süddeutschland konnte durch den Einsatz moderner, emissionsarmer Traktoren nicht nur die Betriebskosten senken, sondern auch die Biodiversität auf seinen Feldern nachhaltig fördern – ein Modell, das mittlerweile landesweit Beachtung findet.

FAKT 98 Technologische Durchbrüche – Autonome Systeme, KI und vernetzte Lösungen

Die Zukunft der Traktorentechnologie wird maßgeblich durch autonome Systeme, künstliche Intelligenz und umfassend vernetzte Lösungen geprägt. Diese Innovationen versprechen, Arbeitsprozesse weiter zu automatisieren, die Effizienz zu steigern und gleichzeitig den ökologischen Fußabdruck zu minimieren.

Zahlen und Fakten:

- Erste autonome Traktorenmodelle sind bereits in Testbetrieben im Einsatz und erzielen Effizienzsteigerungen von bis zu 30 % durch optimierte Arbeitsabläufe.

Anekdote:

- Ein Pionierprojekt in den Niederlanden demonstrierte eindrucksvoll, wie ein vollständig autonom arbeitender Traktor in Zusammenarbeit mit einem zentralen Steuerungssystem nahezu rund um die Uhr Feldarbeiten ausführen kann – ein Experiment, das als wegweisend für zukünftige Entwicklungen gilt.

FAKT 99 Politische und regulatorische Rahmenbedingungen – Wie Gesetzgebung den Markt beeinflusst

Gesetzliche Vorgaben und politische Entscheidungen haben einen direkten Einfluss auf die Entwicklung und den Vertrieb von Traktoren. Umweltauflagen, Förderprogramme und Sicherheitsstandards prägen die Innovation und den Markteintritt neuer Technologien in der Landtechnik.

Zahlen und Fakten:

- In Europa beispielsweise sind neue Emissionsstandards in Kraft getreten, die den Einsatz moderner, emissionsarmer Traktoren fordern – eine Maßnahme, die bereits zu einem beschleunigten Technologiewechsel in der Branche geführt hat.

Anekdote:

- Ein Hersteller berichtete, dass die Aussicht auf staatliche Fördermittel und steuerliche Vergünstigungen für umweltfreundliche Maschinen ihn dazu motivierte, frühzeitig in Forschung und Entwicklung zu investieren – ein Schritt, der sich langfristig als strategischer Vorteil erwies.

FAKT 100 Visionen für morgen – Traktoren im Zeitalter der Digitalisierung und Nachhaltigkeit

Die Zukunftsvisionen für die Traktorbranche zeichnen sich durch eine enge Verzahnung von Digitalisierung, Nachhaltigkeit und innovativen Antriebskonzepten aus. Hersteller und Entwickler arbeiten daran, Traktoren zu intelligenten, vernetzten Systemen zu transformieren, die nicht nur effizient und leistungsstark, sondern auch umweltfreundlich und anpassungsfähig an wechselnde Marktbedingungen sind.

Zahlen und Fakten:

- Prognosen gehen davon aus, dass bis 2035 über 50 % der weltweit verkauften Traktoren mit digitalen Assistenzsystemen und nachhaltigen Antriebstechnologien ausgestattet sein werden.

Anekdote:

- Ein Visionär aus der Branche berichtete, dass er sich eine Zukunft vorstellt, in der Traktoren nicht nur autonom arbeiten, sondern durch den Einsatz von künstlicher Intelligenz und Datenanalysen sogar präventiv Wartungen durchführen und so die gesamte Effizienz der Landwirtschaft revolutionieren – ein Konzept, das bereits heute in Prototypen Realität wird.

Schlusswort

Traktoren sind weit mehr als nur Maschinen – sie sind Symbole für Fortschritt, harte Arbeit und den unermüdlichen Willen, die Welt ein Stück besser zu machen. Seit ihrer Erfindung haben sie die Landwirtschaft revolutioniert, die Lebensbedingungen zahlloser Menschen verbessert und die globale Ernährungssicherheit gestärkt. Traktoren sind Begleiter in allen Lebenslagen der Landwirte, zuverlässige Helfer bei der Feldarbeit und Motoren des Fortschritts in einer sich ständig wandelnden Welt.

Dieser Fortschritt wäre nicht möglich ohne die Visionäre und Pioniere, die mit ihrem Mut, ihrer Kreativität und ihrem Erfindergeist die Grundlagen für die heutige Traktorwelt geschaffen haben. Von den frühen Entwicklern wie John Froelich und Harry Ferguson bis hin zu den modernen Ingenieuren, die autonom fahrende, emissionsfreie Maschinen entwickeln – jeder von ihnen hat dazu beigetragen, dass Traktoren zu dem geworden sind, was sie heute sind: unverzichtbare Werkzeuge, die die Zukunft der Landwirtschaft gestalten.

Ein besonderer Dank gilt auch allen Traktorenliebhabern, Landwirten, Sammlern und Enthusiasten, die diese Maschinen nicht nur nutzen, sondern auch ihre Geschichte und Bedeutung bewahren. Ohne ihren Einsatz und ihre Leidenschaft wäre die Traktorwelt um vieles ärmer.

Mit diesem Buch möchten wir diese faszinierenden Maschinen feiern – nicht nur als Werkzeuge der Landwirtschaft, sondern als einen wesentlichen Bestandteil unserer kulturellen und technischen Geschichte.

Bonus: Traktoren-Quiz

Teste dein Wissen!

Wie gut kennst du dich mit Traktoren aus? Beweise dein Wissen in diesem spannenden Quiz mit 20 Fragen, die sich auf die Inhalte dieses Buches beziehen. Viel Spaß beim Rätseln und Lernen!

Fragen:

1. **Welcher Traktor gilt als der größte der Welt?**
   A) John Deere 9620R
   B) Big Bud 16V-747
   C) Fendt 1050 Vario
   D) Case IH Magnum 380

2. **Wann wurde der erste benzinbetriebene Traktor von John Froelich gebaut?**
   A) 1872
   B) 1892
   C) 1902
   D) 1912

3. **Welche Marke führte das stufenlose Vario-Getriebe ein?**
   A) John Deere
   B) Fendt

C) Massey Ferguson
D) Case IH

4. **Wie viele PS hatte der erste benzinbetriebene Traktor von John Froelich?**
   A) 16 PS
   B) 24 PS
   C) 32 PS
   D) 40 PS

5. **Welcher Traktor erzielte bei einer Auktion den höchsten Preis?**
   A) Case 30-60 (1913)
   B) Lanz Bulldog D7506
   C) Fendt Farmer 3S
   D) John Deere Waterloo Boy

6. **Welche Technik revolutionierte Massey Ferguson in der Landwirtschaft?**
   A) GPS-Steuerung
   B) Dreipunkt-Hydraulik
   C) Elektrische Antriebe
   D) Automatische Kupplung

7. **Welches Modell von Fendt war 2021 das beliebteste in Deutschland?**
   A) Fendt 724 Vario
   B) Fendt 900 Vario
   C) Fendt 1050 Vario
   D) Fendt Farmer 309

8. **Wie viele Stunden Arbeitszeit ermöglicht der Fendt e100 Vario mit einer Batterieladung im Teillastbereich?**
   A) 2 Stunden
   B) 4 Stunden
   C) 6 Stunden
   D) 8 Stunden

9. Welche Veranstaltung ist die weltweit größte Fachmesse für Landtechnik?

A) Agritechnica
B) SIMA
C) EIMA
D) LAMMA Show

10. Welche Farbe ist das Markenzeichen von John Deere?

A) Rot
B) Blau
C) Grün
D) Gelb

11. Welcher Traktor war der erste wasserstoffbetriebene Traktor von New Holland?

A) NH2
B) NH3
C) H2OTrac
D) WaterPro

12. Wie lange dauert es, den NH2-Traktor von New Holland zu betanken?

A) 2 Minuten
B) 5 Minuten
C) 10 Minuten
D) 15 Minuten

13. Welcher Traktorhersteller hat seinen Hauptsitz in Japan?

A) Fendt
B) Kubota
C) Case IH
D) Massey Ferguson

14. Wie oft findet die Agritechnica in Hannover statt?

A) Jährlich
B) Alle 2 Jahre

C) Alle 3 Jahre
D) Alle 5 Jahre

15. Welche Traktorfarbe wird oft für Wohltätigkeitskampagnen verwendet?
A) Blau
B) Pink
C) Weiß
D) Orange

16. Was bedeutet der lateinische Ursprung des Wortes „Traktor“?
A) „Schieben“
B) „Ziehen“
C) „Pflügen“
D) „Fahren“

17. Welches Unternehmen stellte den ersten autonomen Traktor vor?
A) John Deere
B) Fendt
C) Case IH
D) Massey Ferguson

18. Welche Plattform vernetzt Traktoren und Büroanwendungen für Smart Farming?
A) FarmSync
B) FendtONE
C) AgriLink
D) TractorNet

19. In welchem Jahr wurde Fendt gegründet?
A) 1925
B) 1930
C) 1935
D) 1940

20. **Wie nennt man die spezifischen Traktoren für enge Rebzeilen im Weinbau?**
    A) Standardtraktoren
    B) Kompakttraktoren
    C) Schmalspurtraktoren
    D) Raupentraktoren

Lösungen

1. B) Big Bud 16V-747 (Kapitel 3)
2. B) 1892 (Kapitel 1)
3. B) Fendt (Kapitel 8)
4. A) 16 PS (Kapitel 1)
5. A) Case 30-60 (1913) (Kapitel 7)
6. B) Dreipunkt-Hydraulik (Kapitel 8)
7. A) Fendt 724 Vario (Kapitel 8)
8. B) 4 Stunden (Kapitel 11)
9. A) Agritechnica (Kapitel 10)
10. C) Grün (Kapitel 8)
11. A) NH2 (Kapitel 11)
12. B) 5 Minuten (Kapitel 11)
13. B) Kubota (Kapitel 8)
14. B) Alle 2 Jahre (Kapitel 10)
15. B) Pink (Kapitel 7)
16. B) „Ziehen“ (Kapitel 1)
17. C) Case IH (Kapitel 11)
18. B) FendtONE (Kapitel 11)
19. B) 1930 (Kapitel 8)
20. C) Schmalspurtraktoren (Kapitel 5)

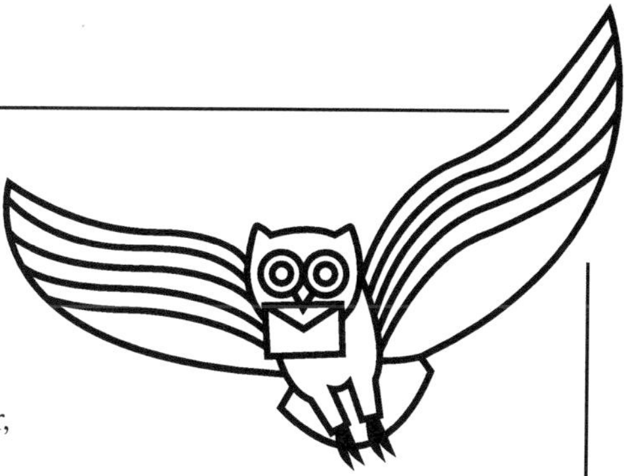

Liebe Leserin, lieber Leser,

hat Ihnen dieses Buch gefallen?
Ihr Feedback, Ihre Anregungen und Ihre Kritik bedeuten uns viel, denn sie helfen uns, unsere Bücher kontinuierlich zu verbessern.

Die Meinung und Zufriedenheit unserer geschätzten Leserinnen und Leser stehen im Mittelpunkt unseres Schaffens. Ihre Gedanken sind uns wichtig.

Zögern Sie daher nicht, uns zu kontaktieren und Ihre Gedanken mit uns zu teilen. Senden Sie uns einfach eine E-Mail an:
feedback@eulogiaverlag.de

Besuchen Sie auch gern unsere Verlagsseite und entdecken Sie weitere spannende Bücher unter:
www.eulogiaverlag.de

Wir sind gespannt auf Ihre Nachricht und freuen uns darauf, von Ihnen zu hören!

Herzlichst
Ihr **Eulogia Verlag**